高职高专物联网专业规划教材

物联网技术与应用

王春媚　主　编
张　杰　副主编

化学工业出版社

·北京·

本书重点介绍物联网的核心技术及其应用,围绕物联网中"感知层、传输层、应用层"所涉及的三大类技术架构,安排物联网技术知识教学内容。全书共分6章,第1章为初识物联网,主要介绍物联网技术的概念、现状、基本架构和产业链,国内外物联网技术的发展趋势;第2章至第5章以业界普遍认同的物联网层次划分方法,分别阐述了感知识别层、网络构建层与通信技术、数据管理层和物联网综合应用,同时将相关的关键技术纳入其中;第6章介绍了在"中国制造2025"、"互联网+"等新的历史机遇的推动下,物联网未来发展的方向和前景预测。

本书可以作为物联网、信息类、通信类、计算机类、自动化、传感网技术等相关专业的专业基础课教材,还可以供从事物联网相关工作研究人员、工程技术人员参考使用。

图书在版编目(CIP)数据

物联网技术与应用/王春媚主编. —北京:化学工业出版社,2016.2(2024.8重印)
高职高专物联网专业规划教材
ISBN 978-7-122-25930-1

Ⅰ.①物… Ⅱ.①王… Ⅲ.①互联网络-应用-高等职业教育-教材②智能技术-应用-高等职业教育-教材 Ⅳ.①TP393.4②TP18

中国版本图书馆CIP数据核字(2015)第316097号

责任编辑:王听讲 刘 哲　　　　　　　　装帧设计:王晓宇
责任校对:边 涛

出版发行:化学工业出版社(北京市东城区青年湖南街13号　邮政编码100011)
印　　装:北京七彩京通数码快印有限公司
787mm×1092mm　1/16　印张10¼　字数268千字　2024年8月北京第1版第6次印刷

购书咨询:010-64518888　　　　　　　　售后服务:010-64518899
网　　址:http://www.cip.com.cn
凡购买本书,如有缺损质量问题,本社销售中心负责调换。

定　价:32.00元　　　　　　　　　　　　　版权所有　违者必究

前　言
FOREWORD

　　物联网是国家新兴战略产业中信息产业发展的核心领域，将在国民经济发展中发挥重要作用。目前，物联网是全球研究的热点问题，国内外都把它的发展提到了国家级的战略高度，称之为继计算机、互联网之后世界信息产业的第三次浪潮。随着科学技术的迅速发展，物联网技术已经渗透到工业、农业、交通运输、航空航天、国防建设等国民经济的诸多领域，物联网技术是物物相连的互联网，是新兴的电子信息技术，既是在互联网基础下的延伸和扩展的网络，又将用户端延伸和扩展到任何物品与物品之间，进行信息交换和通信。它是一门发展迅速、应用面宽、实践性强、重要的应用学科，在现代科学技术中占有举足轻重的作用和地位。为了适应电子信息与自动化类相关专业的教学需求，编者编写了这本书。

　　本书着眼于介绍物联网的核心技术及物联网技术的应用。全书共分 6 章，第 1 章为初识物联网，主要介绍物联网技术的概念、现状、基本架构和产业链，国内外物联网技术的发展趋势。第 2 章至第 5 章以业界普遍认同的物联网层次划分方法，分别阐述了感知识别层、网络构建层与通信技术、数据管理层和物联网综合应用，同时将相关的关键技术纳入其中，力求内容完整、层次清楚。第 6 章介绍了在"中国制造 2025"、"互联网＋"等新的历史机遇的推动下，物联网未来发展的方向和前景预测。

　　本书第 1 章由河南水利与环境职业学院吴霞老师编写，第 3 章至第 5 章由天津轻工职业技术学院的张杰老师编写，其余章节由天津轻工职业技术学院的王春媚老师编写，统稿由王春媚老师及天津科技大学徐庆增老师共同完成。本书由王春媚任主编，张杰任副主编，由天津轻工职业技术学院的王建明老师、姚策老师担任主审。本书的编写还得到了天津微智通科技发展有限公司张禹经理、天津轻工职业技术学院张润华老师、皮琳琳老师、于玲老师及张长强、高泽通、朱鑫、雷涛等同学的大力支持。本书采用了部分互联网以及报刊中的报道，在此一并向原作者和刊发机构致谢。

　　本书的作者长期从事电子信息及物联网相关技术的教学及科研工作，对物联网技术有一定的体会，但是，物联网所涉及的技术内容较多，其发展也非常迅速，故书中不足之处在所难免，恳请广大读者批评指正。

编　者
2016 年 1 月

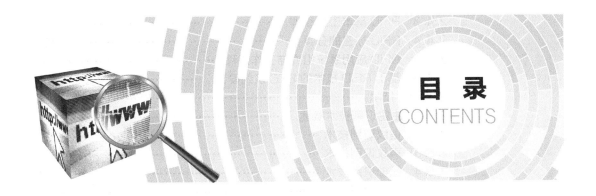

目 录
CONTENTS

| 第1章 | 初识物联网 | 1 |

1.1 物联网的定义 …… 1
1.2 物联网的特点 …… 4
1.3 物联网的基本架构 …… 5
   1.3.1 物联网的体系架构 …… 5
   1.3.2 物联网的技术体系架构 …… 7
1.4 物联网标准 …… 9
   1.4.1 物联网标准化的意义 …… 9
   1.4.2 国际标准化组织 …… 10
1.5 物联网产业链 …… 10
   1.5.1 物联网产业链分析 …… 10
   1.5.2 物联网核心产业链的组成 …… 12
1.6 展望 …… 16

| 第2章 | 感知识别层 | 18 |

2.1 条形码技术 …… 18
   2.1.1 一维条形码 …… 18
   2.1.2 二维条形码 …… 22
2.2 EPC技术 …… 24
   2.2.1 EPC技术发展背景 …… 24
   2.2.2 EPC编码 …… 25
2.3 传感器技术 …… 29
   2.3.1 初识传感器 …… 30
   2.3.2 常用传感器 …… 31
   2.3.3 手机中的传感器 …… 34
   2.3.4 手机中的摄像头 …… 42
   2.3.5 手机中的电子指南针 …… 45
   2.3.6 手机中的三轴陀螺仪 …… 48
   2.3.7 手机中的重力传感器 …… 50
2.4 RFID …… 51
   2.4.1 RFID技术概述 …… 51
   2.4.2 RFID标签 …… 52

		2.4.3 RFID 基本工作原理 …………………………………………… 53
		2.4.4 RFID 标签的分类 …………………………………………………… 54
		2.4.5 RFID 应用系统组成与工作流程 ………………………………… 58
		2.4.6 基于 RFID 技术的 ETC 系统设计 ……………………………… 60
	2.5	生物识别技术 ……………………………………………………………… 63
		2.5.1 生物识别技术概述 ………………………………………………… 64
		2.5.2 指纹识别技术 ……………………………………………………… 64
		2.5.3 声纹识别技术 ……………………………………………………… 65
		2.5.4 面部识别技术 ……………………………………………………… 67
		2.5.5 静脉识别技术 ……………………………………………………… 69
		2.5.6 虹膜识别技术 ……………………………………………………… 70

第 3 章　网络构建层与通信技术　　73

	3.1	无线传感器网络概述 …………………………………………………… 73
		3.1.1 无线传感器网络概念与体系结构 ………………………………… 73
		3.1.2 无线传感器网络关键技术 ………………………………………… 75
		3.1.3 无线传感器网络的特点 …………………………………………… 76
		3.1.4 无线传感器网络的应用 …………………………………………… 78
		3.1.5 无线传感器网络所面临的挑战 …………………………………… 79
	3.2	ZigBee 技术 ………………………………………………………………… 80
		3.2.1 ZigBee 技术概述 …………………………………………………… 80
		3.2.2 ZigBee 的特点 ……………………………………………………… 81
		3.2.3 ZigBee 无线网络通信信道 ………………………………………… 82
		3.2.4 ZigBee 无线网络拓扑结构 ………………………………………… 83
		3.2.5 ZigBee 技术的应用领域 …………………………………………… 83
		3.2.6 ZigBee 协议栈概述 ………………………………………………… 84
		3.2.7 ZigBee 网络拓扑结构 ……………………………………………… 86
	3.3	蓝牙技术 …………………………………………………………………… 88
		3.3.1 蓝牙技术的起源 …………………………………………………… 88
		3.3.2 蓝牙技术的基本定义 ……………………………………………… 88
		3.3.3 蓝牙技术的协议 …………………………………………………… 89
		3.3.4 蓝牙技术的内容 …………………………………………………… 90
		3.3.5 蓝牙技术发展的各个阶段 ………………………………………… 91
		3.3.6 蓝牙技术的特点 …………………………………………………… 91
		3.3.7 蓝牙技术的主要应用 ……………………………………………… 92
		3.3.8 蓝牙技术对未来的影响 …………………………………………… 93
	3.4	无线 WiFi 技术 …………………………………………………………… 93
		3.4.1 WiFi 技术突出的优势 ……………………………………………… 93
		3.4.2 WiFi 与其他通信方式结合 ………………………………………… 95
		3.4.3 家庭无线网络中 WiFi 的实现 …………………………………… 95
	3.5	移动通信技术 ……………………………………………………………… 95
		3.5.1 移动通信发展史 …………………………………………………… 95
		3.5.2 3G 移动通信技术 …………………………………………………… 97
		3.5.3 4G 移动通信技术 …………………………………………………… 101

第4章 数据管理层   103

   4.1 云计算 ··· 103
       4.1.1 云计算的概念 ·· 103
       4.1.2 云计算的定义与基本模型 ························· 105
       4.1.3 云计算的基础架构要求 ··························· 106
       4.1.4 构建与交付云计算 ·································· 106
       4.1.5 云计算技术的应用 ·································· 107
       4.1.6 云安全与管理 ·· 107
   4.2 大数据 ··· 108
       4.2.1 大数据的基本概念 ·································· 108
       4.2.2 大数据的分类 ·· 111
       4.2.3 物联网发展对大数据的促进作用 ············· 112
   4.3 物联网 M2M ·· 113
   4.4 物联网的安全问题 ······································ 117

第5章 物联网综合应用   122

   5.1 物联网在智能家居方面的应用 ······················ 122
       5.1.1 智能家居发展过程 ·································· 122
       5.1.2 智能家居建设的功能 ······························ 123
       5.1.3 物联网智能家居的应用方案 ····················· 123
       5.1.4 智能家居中的物联网应用及问题分析 ······ 126
       5.1.5 对于利用物联网的智能家居的发展前景展望 ·· 127
   5.2 物联网技术在智能化住宅小区中的应用 ········ 128
       5.2.1 小区安防系统 ·· 128
       5.2.2 车辆管理系统 ·· 131
       5.2.3 智能小区其他子系统 ······························ 131
   5.3 物联网在物流配送中的应用 ·························· 133
   5.4 物联网在智能交通中的应用 ·························· 135
       5.4.1 交通信息采集技术 ·································· 136
       5.4.2 动态交通信息采集技术 ··························· 136
   5.5 物联网在农业中的应用 ································ 139
       5.5.1 物联网在农情监测中的应用 ····················· 139
       5.5.2 基于物联网的区域农田土壤监测系统 ······ 140
   5.6 物联网与工业物联网 ···································· 140

第6章 新的历史机遇推动物联网大发展   144

   6.1 "互联网+" 国家行动计划 ···························· 144
       6.1.1 什么是"互联网+" ································ 144
       6.1.2 "互联网+" 的几点解读 ························· 145
       6.1.3 "互联网+" 的层次分析 ························· 145
       6.1.4 "互联网+" 行动计划战略目标 ················ 146
   6.2 物联网催生了制造方式的工业革命 ··············· 147

  6.2.1 对现有工业制造方式困局的反思 ………………………… 147
  6.2.2 对新的一次工业革命的认同 …………………………… 147
  6.2.3 物联网精准制造方式的革命 …………………………… 149
  6.2.4 物联网与"工业4.0" ………………………………… 151
 6.3 物联网与"中国制造2025" ………………………………… 152
参考文献 ……………………………………………………………… 156

第1章
初识物联网

1.1 物联网的定义

历史上,信息化产业共经历了三次浪潮,20 世纪 40~50 年代,计算机的出现掀起了信息化产业的第一次革命浪潮;20 世纪 90 年代初,互联网的出现掀起了信息化产业的第二次革命浪潮;从 2010 年起,物联网掀起了信息化产业的第三次革命浪潮。历史上出现的每次信息革命浪潮都能给人类带来翻天覆地的变化。计算机的出现使人类进入了机器时代,计算机可以取代人类大脑做很多逻辑性工作;互联网的出现让人与人之间的沟通不再受距离的限制,同时又使得全球资源共享,给人类带来了极大的方便;然而,物联网的出现,更可以给人类带来意想不到的便利,使得生活工作全部智能化。那么,到底什么才是物联网呢?业内各界众说纷纭。

物联网是新一代信息技术的重要组成部分。物联网的英文名称叫"The Internet of Things"。顾名思义,物联网就是"物物相连的互联网"。这有两层意思:第一,物联网的核心和基础仍然是互联网,是在互联网基础上的延伸和扩展的网络;第二,其用户端延伸和扩展到了任何物体与物体之间,进行信息交换和通信。因此,物联网的定义是:通过射频识别(RFID)、红外感应器、全球定位系统、激光扫描器等信息传感设备,按约定的协议,把任何物体与互联网相连接,进行信息交换和通信,以实现对物体的智能化识别、定位、跟踪、监控和管理的一种网络。物联网实现物体与互联网的连接示意图如图 1.1。

这里的"物"要满足以下条件才能够被纳入"物联网"的范围:
① 要有相应信息的接收器;
② 要有数据传输通路;
③ 要有一定的存储功能;
④ 要有 CPU;
⑤ 要有操作系统;
⑥ 要有专门的应用程序;

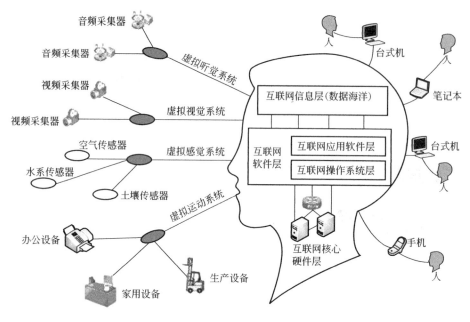

图 1.1 物联网示意图

⑦ 要有数据发送器；
⑧ 遵循物联网的通信协议；
⑨ 在世界网络中有可被识别的唯一编号。

早在 1999 年，美国提出了传感网的概念，其定义是：通过射频识别（RFID）、红外感应器、全球定位系统、激光扫描器等信息传感设备，按约定的协议，把任何物品与互联网相连接，进行信息交换和通信，以实现智能化识别、定位、跟踪、监控和管理的一种网络概念。这就是我们现在所说的物联网。

2008 年 5 月，欧洲智能系统集成技术平台（EPOSS）在《Internet of Things in 2020》中提出，物联网的英文名称为"The Internet of Things"，由该名称可见，物联网就是"物物相连的互联网"。

在 2010 年 3 月，我国政府工作报告所附的注释中对物联网的定义是：通过信息传感设备，按照约定的协议，把任何物品与互联网连接起来，进行信息交换和通信，以实现智能化识别、定位、跟踪、监控和管理的一种网络。它是在互联网的基础上延伸和扩展的网络。

英文百科 Wikipedia 对物联网的定义是：

In computing, the Internet of Things refers to a network of objects, such as household appliances. It is often a self-configuring wireless network. The concept of the internet of things is attributed to the original Auto-ID Center, founded in 1999 and based at the time in MIT.

实际上，物联网是中国人的发明，整合了美国 CPS（Cyber-Physical Systems）、欧盟 IoT（Internet of Things）和日本 U-Japan 等概念，是一个基于互联网、传统电信网等信息载体，让所有能被独立寻址的普通物理对象实现互联互通的网络。普通对象设备化、自治终端互联化和普适服务智能化是其三个重要特征。物联网在中国的解释还有如下描述：

物联网（Internet of Things）指的是将无处不在（Ubiquitous）的末端设备（Devices）和设施（Facilities），包括具备"内在智能"的传感器、移动终端、工业系统、楼控系统、家庭智能设施、视频监控系统等，以及"外在使能"（Enabled）的，如贴上RFID的各种资产（Assets）、携带无线终端的个人与车辆等"智能化物件或动物"或"智能尘埃"（Mote），通过各种无线和/或有线的长距离和/或短距离通信网络实现互联互通（M2M）、应用大集成（Grand Integration），以及基于云计算的SaaS营运等模式，在内网（Intranet）、专网（Extranet）、和/或互联网（Internet）环境下，采用适当的信息安全保障机制，提供安全可控乃至个性化的实时在线监测、定位追溯、报警联动、调度指挥、预案管理、远程控制、安全防范、远程维保、在线升级、统计报表、决策支持、领导桌面（集中展示的Cockpit Dashboard）等管理和服务功能，实现对"万物"的"高效、节能、安全、环保"的"管、控、营"一体化。物联网中所采用的关键技术如图1.2。

图1.2 物联网的关键技术

2005年11月27日，在突尼斯举行的信息社会峰会上，国际电信联盟（ITU）发布了《ITU互联网报告2005：物联网》，对物联网做了业界比较公认的如下定义：

通过二维码识读设备、射频识别（RFID）装置、红外感应器、全球定位系统和激光扫描器等信息传感设备，按约定的协议，把任何物品与互联网相连接，进行信息交换和通信，以实现智能化识别、定位、跟踪、监控和管理的一种网络。

根据国际电信联盟（ITU）的定义，物联网主要解决物品与物品（Thing to Thing，T2T），人与物品（Human to Thing，H2T），人与人（Human to Human，H2H）之间的互联。但是与传统互联网不同的是，H2T是指人利用通用装置与物品之间的连接，从而使得物品连接更加的简化，而H2H是指人之间不依赖于PC而进行的互联。因为互联网并没有考虑到对于任何物品连接的问题，故我们使用物联网来解决这个传统意义上的问题。许多学者讨论物联网过程中，经常会引入一个M2M的概念，可以解释成为人到人（Man to Man）、人到机器（Man to Machine）、机器到机器（Machine to Machine）。从本质上而言，在人与机器、机器与机器的交互，大部分是为了实现人与人之间的信息交互。

从某种意义上来说互联网是物联网灵感的来源；反之，物联网的发展又进一步推动互联网向一种更为广泛的"互联"演进，这样一来，人们不仅可以和物体"对话"，物体和物体之间也能"交流"。

物联网和互联网发展有一个最本质的不同点是两者发展的驱动力不同。互联网发展的驱动力是个人，因为，互联网的开放性和人人参与的理念，互联网的生产者和消费者在很大程度上是重叠的，极大地激发了以个人为核心的创造力。而物联网的驱动力必须是来自企业，因为，物联网的应用都是针对实物的，而且涉及的技术种类比较多，在把握用户的需求以及实现应用的多样性方面有一定的难度。物联网的实现首先需要改变的是企业的生产管理模式、物流管理模式、产品追溯机制和整体工作效率。实现物联网的过程，其实是一个企业真正利用现代科技技术进行自我突破与创新的过程。

1.2 物联网的特点

一般认为，物联网具有以下三大特征。
① 全面感知。利用 RFID、传感器、二维码等随时随地获取物体的信息。
② 可靠传递。通过无线网络与互联网的融合，将物体的信息实时准确地传递给用户。
③ 智能处理。利用云计算、数据挖掘以及模糊识别等人工智能技术，对海量的数据和信息进行分析和处理，对物体实施智能化的控制。

欧盟委员会提出物联网有以下三方面特性。
① 不能简单地将物联网看做互联网的延伸，物联网建立在特有基础设施上，将是一系列新的独立系统，当然，部分基础设施仍要依存于现有的互联网。
② 物联网将伴随新的业务共同发展。
③ 物联网包括了多种不同的通信模式，物与人通信，物与物通信，其中特别强调了包括机对机通信（M2M）。

对物联网认识方面有以下几个误区。

误区之一：把传感器网络或 RFID 网等同于物联网。事实上传感技术也好，RFID 技术也好，都仅仅是信息采集技术之一。除传感技术和 RFID 技术外，GPS、视频识别、红外、激光、扫描等所有能够实现自动识别与物物通信的技术都可以成为物联网的信息采集技术。传感网或者 RFID 网只是物联网的一种应用，但绝不是物联网的全部。

误区之二：把物联网当成互联网的无边无际的无限延伸，把物联网当成所有物的完全开放、全部互联、全部共享的互联网平台。实际上物联网绝不是简单的全球共享互联网的无限延伸。即使互联网也不仅仅指我们通常认为的国际共享的计算机网络，互联网也有广域网和局域网之分。物联网既可以是我们平常意义上的互联网向物的延伸；也可以根据现实需要及产业应用组成局域网、专业网。现实中没必要也不可能使全部物品联网；也没必要使专业网、局域网都必须连接到全球互联网共享平台。今后的物联网与互联网会有很大不同，类似智慧物流、智能交通、智能电网等专业网；智能小区等局域网才是最大的应用空间。

误区之三：认为物联网就是物—物互联的无所不在的网络，因此认为物联网是空中楼阁，是目前很难实现的技术。事实上物联网是实实在在的，很多初级的物联网应用早就在为我们服务着。物联网理念就是在很多现实应用基础上推出的聚合型集成的创新，是对早就存在的具有物物互联的网络化、智能化、自动化系统的概括与提升，它从更高的角度升级了我们的认识。

误区之四：把物联网当成个筐，什么都往里装；基于自身认识，把仅仅能够互动、通信的产品都当成物联网应用。如，仅仅嵌入了一些传感器，就成为了所谓的物联网家电；把产品贴上了 RFID 标签，就成了物联网应用等。

物联网与 RFID、传感器网络和泛在网有以下关系。

(1) 传感器网络与 RFID 的关系

RFID 和传感器具有不同的技术特点，传感器可以监测感应到各种信息，但缺乏对物品的标识能力，而 RFID 技术恰恰具有强大的标识物品能力。尽管 RFID 也经常被描述成一种基于标签的，并用于识别目标的传感器，但 RFID 读写器不能实时感应当前环境的改变，其读写范围受到读写器与标签之间距离的影响。因此提高 RFID 系统的感应能力，扩大 RFID 系统的覆盖能力是亟待解决的问题。而传感器网络较长的有效距离将拓展 RFID 技术的应用范围。传感器、传感器网络和 RFID 技术都是物联网技术的重要组成部分，它们的相互融合和系统集成将极大地推动物联网的应用，其应用前景不可估量。

(2) 物联网与传感器网络的关系

传感器网络（Sensor Network）的概念最早由美国军方提出，起源于 1978 年美国国防部高级研究计划局（DARPA）开始资助卡耐基梅隆大学进行分布式传感器网络的研究项目，当时此概念局限于由若干具有无线通信能力的传感器节点自组织构成的网络。

随着近年来互联网技术和多种接入网络以及智能计算技术的飞速发展，2008 年 2 月，ITU-T 发表了《泛在传感器网络（Ubiquitous Sensor Networks）》研究报告。在报告中，ITU-T 指出传感器网络已经向泛在传感器网络的方向发展，它是由智能传感器节点组成的网络，可以以"任何地点、任何时间、任何人、任何物"的形式被部署。该技术可以在广泛的领域中推动新的应用和服务，从安全保卫和环境监控，到推动个人生产力和增强国家竞争力。从以上定义可见，传感器网络已被视为物联网的重要组成部分，如果将智能传感器的范围扩展到 RFID 等其他数据采集技术，从技术构成和应用领域来看，泛在传感器网络等同于现在我们提到的物联网。

(3) 物联网与泛在网络的关系

泛在网是指无所不在的网络，又称泛在网络。最早提出 U 战略的日本和韩国给出的定义是：无所不在的网络社会，将是由智能网络、最先进的计算技术，以及其他领先的数字技术基础设施武装而成的技术社会形态。根据这样的构想，U 网络将以"无所不在"、"无所不包"、"无所不能"为基本特征，帮助人类实现"4A"化通信，即在任何时间、任何地点、任何人、任何物都能顺畅地通信。相对于物联网技术的当前可实现性来说，泛在网属于未来信息网络技术发展的理想状态和长期愿景。物联网与泛在网络及传感网络的关系如图 1.3 所示。

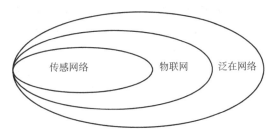

图 1.3 物联网与泛在网络及传感网络的关系

1.3 物联网的基本架构

如同物联网的定义一样，目前，物联网还没有统一的、公认的体系架构。结合物联网工业行情分析，物联网的架构可以从两方面理解：①物联网的体系架构；②物联网的技术体系架构。

1.3.1 物联网的体系架构

现在，较为公认的物联网体系架构分为三个层次：末端感知设备、融合性通信设施和服务支持体系，简单表述为感知层、网络层、应用层。

(1) 感知层，是实现物联网全面感知的基础

以 RFID、传感器、二维码等为主，利用传感器采集设备信息，利用射频识别技术在一定范围内实现发射和识别。主要功能是通过传感设备识别物体，采集信息。例如在感知层中，信息化管理系统利用智能卡技术，作为识别身份、重要信息系统密钥；建筑中用传感器节点采集室内温、湿度等，以便及时进行调整。

(2) 网络层，是服务于物联网信息汇聚、传输和初步处理的网络设备和平台

通过现有的三网（互联网、广电网、通信网）或者下一代网络 NGN，远距离无缝传输来自传感网所采集的巨量数据信息；它负责对传感器采集的信息进行安全无误的传输，并对收集到的信息进行分析处理，并将结果提供给应用层。同时，网络层"云计算"技术的应用

确保建立实用、适用、可靠和高效的信息化系统和智能化信息共享平台,实现对各类信息资源的共享和优化管理。

(3) 应用层,主要解决信息处理和人机界面问题,即输入输出控制终端如手机、智能家电的控制器等,主要通过数据处理及解决方案来提供人们所需要的信息服务。应用层直接接触用户,为用户提供丰富的服务功能,用户通过智能终端在应用层上定制需要的服务信息;如查询信息、监控信息、控制信息等。下面是在应用层中的应用举例,例如回家前用手机发条信息,空调就会自动开启;家里漏气或漏水,手机短信会自动报警。随着物联网的发展,应用层会大大拓展到各行业,给我们带来实实在在的方便。

基于物联网的三层基本架构,国内外的研究人员,以及各个国际标准化组织,也从不同的侧面对物联网的体系架构有所涉及研究,如欧洲电信标准化协会机器对机器技术委员会(ETSI M2M TC),从端到端的全景角度研究机器对机器通信,给出了一个简单的 M2M 架构如图 1.4 所示。

目前,描述物联网的体系架构时,多采用 ITU-T 建议中描述的 USN(Ubiquitous Sensor Network)高层架构。

自下而上分为底层传感器网络、泛在传感器网络接入网络、泛在传感器网络基础骨干网络、泛在传感器网络中间件、泛在传感器网络应用平台 5 个层次。

USN 分层架构的一个最大特点是依托下一代网络(Next Generation Network,NGN)架构,各种传感器网络在最靠近用户的地方组成无所不在的网络环境,用户在此环境中使用各种服务,NGN 则作为核心的基础设施为 USN 提供支持。实际上,在 ITU 的研究技术路线中,并没有单独针对物联网的研究,而是将人与物、物与物之间的通信作为泛在网络的一个重要功能,统一纳入了泛在网络的研究体系中。ITU 在泛在网络的研究中强调两点,一是要在 NGN 的基础上,增加网络能力,实现人与物、物与物之间的泛在通信;二是在 NGN 的基础上,增加网络能力,扩大和增加对广大公众用户的服务。

另外还有欧美支持的 EPCglobal "物联网"体系架构和日本的 Ubiquitous ID(UID)物联网系统。EPCglobal 和泛在 ID 中心(Ubiquitous IDcenter)都是为推进 RFID 标准化而建立的国际标准化团体,我国也正在积极制定符合国情的物联网标准和架构。马华东等专家按照网络分层的原理,将物联网分成对象感控层、数据传输层、服务支持层、应用服务层构成的四层体系架构。这个四层模型如图 1.5 所示,其中对象感控层实现对物理对象的感知和数据获取,并利用执行器对物理对象进行控制;数据传输层提供透明的数据传输能力;服务支持层主要提供对网络获取数据的智能处理和服务支持平台;应用服务层将信息转化为内容提供服务。物联网体系架构如图 1.5 所示。

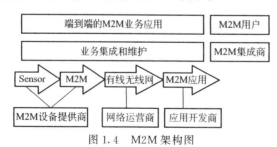

图 1.4 M2M 架构图

图 1.5 物联网体系架构

综合以上研究,本书在四层模型的基础之上进行研究,并对其做相应的扩展,扩展后的物联网体系结构为:对象感控层、网络传输层、服务支持层、应用服务层。其中对象感控层实现对物理对象的感知和数据获取,并利用执行器对物理对象进行控制,包括使用电子标签 RFID 识别的各种物体、广泛部署的传感器节点及其构成的无线传感器网络、各种智能体、机器人以及自然人；网络传输层通过各种有线网络、无线网络提供透明的信息传输能力；服务支持层主要提供对感知和获取到的各种信息进行智能处理和服务支持平台，包括智能计算、云计算等；应用服务层根据不同的应用领域将信息提供给服务。

1.3.2 物联网的技术体系架构

（1）体系结构

在公开发表物联网应用系统的同时，很多研究人员也发表了若干个物联网的体系结构，例如物品万维网的体系结构（Web of Things，WoT），它定义了一种面向应用的物联网，把万维网服务嵌入到系统中，可以采用简单的万维网服务形式使用物联网。这是一个以用户为中心的物联网体系结构，试图把互联网中成功的、面向信息获取的万维网应用结构移植到物联网上，用于简化物联网的信息发布和获取。

物联网的自主体系结构是为了适应于异构的物联网无线通信环境而设计的体系结构。该自主体系结构采用自主通信技术。自主通信是以自主件（self ware）为核心的通信，自主件在端到端层次以及中间结点，执行网络控制面已知的或者新出现的任务，自主件可以确保通信系统的可进化特性。物联网的自主体系结构如图 1.6 所示，包括了数据面、控制面、知识面和管理面，数据面主要用于数据分组的传递；控制面通过向数据面发送配置报文，优化数据面的吞吐量以及可靠性；知识面提供整个网络信息的完整视图，并且提炼成为网络系统的知识，用于指导控制面的适应性控制；管理面协调和管理数据面、控制面和知识面的交互，提供物联网的自主能力。

物联网的自主体系结构特征如图 1.7 所示，主要由 STP/SP 协议栈和智能层取代传统的 TCP/IP 协议栈，这里的 STP 和 SP 分别表示智能传送协议（Smart Transport Protocol）和智能协议（Smart Protocol），物联网结点的智能层主要用于协商交互结点之间 STP/SP 的选择，用于优化无线链路之上的通信和数据传送，满足异构物联网设备之间的联网需求。

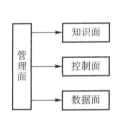

图 1.6　物联网的自主体系结构

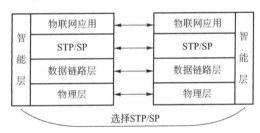

图 1.7　自主体系结构特征

这种面向物联网的自主体系结构涉及的协议栈较为复杂，只能适用于计算资源较为富裕的物联网节点。目前物流仓储的物联网应用都依赖于产品电子代码（EPC）网络，该网络如图 1.8 所示，主要组成部件包括产品电子代码（EPC），这是一种全球范围内标准定义的产品数字标识；电子标签和阅读器，电子标签通常采用射频标识（RFID）技术存储 EPC，阅读器是一种阅读电子标签内存储的 EPC，并且传递给物流仓储管理信息系统的装置。EPC 网络包括以下 3 个层次。

① 实体和内部层次　该层由 EPC、RFID 标签、RFID 阅读器、EPC 中间件组成。这里的 EPC 中间件实际上屏蔽了各类不同的 RFID 之间的信息传递技术，把物品的信息访问和存储转化成为一个开放的平台。

② 商业伙伴之间的数据传输层　这层最重要的部分是 EPC2IS，企业成员利用 EPC2IS 服务器处理被 ALE 过滤之后的信息。这类信息可以用于内部或者外部商业伙伴之间的信息交互。

③ 其他应用服务层　这层最重要的部分是 ONS，ONS 用于发现所需的 EPC2IS 的地址。EPC2global（全球 EPC 管理机构）委托全球著名的域名服务机构 VeriSign（威瑞信）公司提供 ONS 全球服务，全球至少有 10 个数据中心提供 ONS 服务。

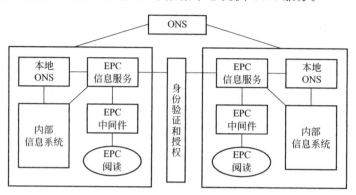

图 1.8　产品电子代码（EPC）网络

物联网体系结构设计应该遵循以下 5 条原则：

① 多样性原则　物联网体系结构必须根据物联网节点类型的不同，分成多种类型的体系结构；

② 时空性原则　物联网体系结构必须能够满足物联网的时间、空间和能源方面的需求；

③ 互联性原则　物联网体系结构必须能够平滑地与互联网连接；

④ 安全性原则　物联网体系结构必须能够防御大范围内的网络攻击；

⑤ 坚固性原则　物联网体系结构必须具备坚固性和可靠性。

（2）技术结构

物联网技术涉及诸多领域，依据物联网技术架构可划分 4 个层次：对象感控技术、网络传输技术、服务支持技术以及应用服务技术。如图 1.9 所示。

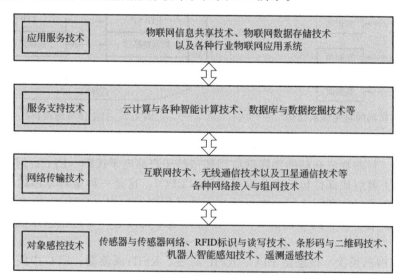

图 1.9　物联网技术

① 对象感控技术　对象感控技术是物联网的基础，是应用于物联网底层负责采集物理世界中发生的物理事件和数据，实现对外部世界信息的感知和识别控制的技术。它包括多种发展成熟度差异性很大的技术，如传感器与传感器网络、RFID 标识与读写技术、条形码与

二维码技术、机器人智能感知技术、遥测遥感技术等。

② 网络传输技术　网络传输技术是通过泛在的互联功能，实现感知信息高可靠性、高安全性传送的技术，是物联网信息传递和服务支持的基础设施。包括互联网技术、无线通信技术以及卫星通信技术等各种网络接入与组网技术。

③ 服务支持技术　服务支持技术是实现物联网"可运行-可管理-可控制"的信息处理和利用技术，包括云计算与各种智能计算技术、数据库与数据挖掘技术等。

④ 应用服务技术　应用服务技术是指可以直接支持各种物联网应用系统运行的技术，包括物联网信息共享技术、物联网数据存储技术以及各种行业物联网应用系统。

1.4　物联网标准

1.4.1　物联网标准化的意义

没有统一的HTML式的数据交换标准是物联网发展的一大瓶颈，物联网发展的最大瓶颈既不是IP地址不够问题，也不是一定要攻克下什么关键技术才能发展。寻址问题可以通过多种方式解决，包括通过发放统一UID等方式解决，IPv6或IPv9固然重要，但传感网的很多底层通信介质可能很难运行IP Stack。一些传感器和传感器网络关键技术的攻关也很重要，但那是"点"的问题，不是"面"的问题。大面的问题还是数据表达、交换与处理的标准，以及应用支持的中间件架构问题。清华同方从2004年起就推出了ezM2M物联网业务基础中间件产品和oMIX数据交换标准（产品中还实现了中国移动的WMMP标准），中国电信也推出了MDMP标准，但是一个或几个企业的力量是有限的，既然物联网产业已经被提到国家战略的高度，如果以国家层面的高度来推物联网数据交换标准和中间件标准，一定能够发挥整体效果，而且要比制定其他通信层和传感器的技术攻关见效快。

数据交换标准主要落地在物联网DCM三层体系的应用层和感知层，配合传输层通道，目前国外已提出很多标准，如EPCglobal的ONS/PML标准体系，还有Telematics行业推出的NGTP标准协议及其软件体系架构，以及EDDL、M2MXML、BITXML、OBIX等，传感层的数据格式和模型也有TransducerML、SensorML、IRIG、CBRN、EXDL、TEDS等，目前的挑战是把这些现有标准融合，实现一个统一的HTML式物联网数据交换大集成应用标准，如果国家能够整合资源，这个标准的建立具备一定的可行性。不过由于其涉及面广，整体协调难度大，只有受到监管层和高层领导的高度重视，委托国家级的综合性物联网标准委员会（目前的一些标准组织多半还是更多的关注于传输层标准，或行业应用标准，如RFID和WSN无线通信标准等，统筹能力不够，视野不够宽）具体实施才有可能实现这个目标。

从物联网架构的角度出发，物联网标准化意义有以下3个。

① 通过标准，可以方便参与其中的各个物品、个人、公司、企业、团体以及机构实现标准技术，使用物联网的应用，享受物联网的建设成果和便利条件；

② 通过标准，可以促进未来的物联网解决方案的竞争性和兼容性，增进各种技术解决方案之间的互相通信、操作能力；

③ 随着全球/全局信息生成和信息收集基础设施的逐步建立，国际质量和诚信体系标准将变得至关重要。

当前物联网标准研制有以下两个主要任务：

① 筹备物联网标准联合工作组，做好相关标准化组织间的协调；

② 做好物联网顶层设计，完善物联网标准体系建设。

1.4.2 国际标准化组织

涉及物联网的相关标准分别由不同的国际标准化组织和各国标准化组织制定。国际标准由 ISO（国际标准化组织）和 IEC（国际电工委员会）负责制定；中国国家标准由中国工业与信息化部与国家标准化管理委员会负责制定；相关行业标准则由国际、国家的行业组织制定，例如国际物流编码协会（EAN）与美国统一代码委员会（UCC）制定的用于物体识别的 EPC 标准。

① ITU-T SG13　USN 网络的需求和架构设计；
② ETSI M2M TC　M2M 需求和功能架构；
③ ISO/IEC 标准概况

a. 技术标准　ISO/IEC 10536、ISO/IEC 14443、ISO/IEC 18000 系列标准等，即：
- ISO/IEC10536：密耦合 CICC 非接触式 IC 卡标准（紧靠）；
- ISO/IEC14443：近耦合 PICC 非接触式 IC 卡标准（<10cm）；
- ISO/IEC15693：疏耦合 VICC 非接触式 IC 卡标准（约 50cm）；
- ISO/IEC18000 系列标准：基于物品管理 RFID 的空中接口参数。

b. 数据结构标准　ISO/IEC 15424、ISO/IEC 15418、ISO/IEC 15434 等，即：
- ISO/IEC15424：数据载体/特征标识符；
- ISO/IEC15418：EAN、UCC 应用标识符及 ASC MH10 数据表示符；
- ISO/IEC15434：大容量 ADC 媒体用的传送语法；
- ISO/IEC15459：物品管理的唯一标识号；
- ISO/IEC15961：数据协议：应用接口；
- ISO/IEC15962：数据编码规则与逻辑存储功能协议；
- ISO/IEC15963：射频标签（应答器）的唯一标识。

c. 性能标准　ISO/IEC 18046、ISO/IEC 18047、ISO/IEC 10373-6 等，即：
- ISO/IEC18046：RFID 设备性能测试方法；
- ISO/IEC18047：有源和无源的 RFID 设备一致性测试方法；
- ISO/IEC10373-6：按 ISO/IEC14443 标准对非接触式 IC 卡进行参数的方法。

④ IEEE1451 系列标准
- IEEE1451 系列标准是由 IEEE 仪器和测量协会的传感器技术委员会发起的，是专为智能传感器接口（其主要特点是具有数据处理的智能化）而制订的标准。
- 其 IEEE1451.5-2007 标准即为智能传感器无线通信协议和传感器电子数据表（TEDS）格式的相关标准。

⑤ IETF 6LoWPAN ROLL：LoWPAN 是 "IPv6 over Low power Wireless Personal Area Networks"（低功率无线个域网上的 IPv6）的缩写，属 IETF（因特网工程任务组）中的一个工作组，负责制定基于 IEEE 802.15.4 标准个域网上 IPv6 传输的通信技术标准，现已发布了 RFC4944 基础性的技术规范。

1.5　物联网产业链

1.5.1　物联网产业链分析

物联网的产业链非常完整，从元器件到设备软件产品、信息服务解决方案提供、平台运营与维护，物联网 3 个功能层都包含了硬件产品、硬件设备到软件产品系统方案，还有公共管理系统、行业应用系统以及第三方物联网平台的运营与维护服务，基于对物联网三层架构的认识，构建了物联网产业链，可见，完整的物联网产业链主要包括核心感知和控制器件提供商、感知层末端设备提供商、网络提供商、软件与行业解决方案提供商、系统集成商、运营及服务提供商六大环节。

（1）核心感知和控制器件提供商

感应器件是物联网标识、识别以及采集信息的基础和核心，感应器件主要包括 RFID 传感器（生物物理和化学等）、智能仪器仪表 GPS 等；主要控制器件包括微操作系统执行器等，它们用于完成"感"、"知"后的"控"类指令的执行。在这一环节上，国内物联网技术水平比较国外发达国家还有很大差距，特别是在高端产品市场。不过，目前国内也有一些企业在进行相关芯片的研发和生产，但还没形成规模。

（2）感知层末端设备提供商

感知层的末端设备具有一定独立功能，典型设备如传感节点设备传感器网关等完成底层组网（自组网）功能的末端网络产品设备，以及射频识别设备传感系统及设备智能控制系统及设备等。这一环节也是目前物联网产业最大的受益者。在物联网导入期，首先受益的是RFID 和传感器厂商，这是因为 RFID 和传感器需求量最为广泛，且厂商目前最了解客户需求。RFID 和传感器是整个网络的触角，所以潜在需求量最大。

（3）网络提供商

对于物联网数据传输提供支持和服务，包括互联网、电信网、广电网、电力通信网专网以及其他网络等。

（4）软件与行业解决方案提供商

软件产品开发商和行业解决方案提供商主要提供以下产品和服务。

① 感知层的主要软件产品　包括微操作系统嵌入式操作、系统实时数据库运行、集成环境信息安全软件组网通信、软件等产品。

② 处理层的软件产品　包括网络操作系统、数据库、中间件、信息安全软件等软件开发，其中中间件是物联网应用中的关键软件，它是衔接相关硬件设备和业务应用的桥梁，主要是对传感层采集来的数据进行初步加工，使得众多采集设备得来的数据能够统一，便于信息表达与处理语义，具有互操作性，实现共享，便于后续处理应用。

③ 行业解决方案　行业解决方案提供商提供了应用和服务。对于各行业或各领域的系统解决方案，目前物联网的应用遍及智能电网、智能交通、智能物流、智能家具、环境保护、医疗、金融服务业、公共安全、国防军事等领域，根据不同行业的应用特点，需要提出个性化的解决方案。

中间件与应用软件可谓是物联网产业链条中的关键因素，是其核心和灵魂。物联网软件可包含：M2M 中间件和（嵌入式）Edgeware（也可以统称软件网关）、实时数据库、运行环境和集成框架、通用的基础构件库，以及行业化的应用套件等。从中间件平台来看，目前已经有少数国内 IT 企业在进行相关的开发和研究。

不过，由于进行中间平台的研发，不仅需要大量的资金，同时也需要有很强的上下游资源整合能力，否则很难完成，因此，对于大多数 IT 渠道而言，并不是一个很好的选择。

在 PC 上面开发中间件，不用考虑平台如何，因此 PC 的软硬件标准都是统一的。但物联网不同，即便是同一行业内的不同应用，所涉及的传感器都有很大差别，因此，企业在进行中间件平台的研发时，必须要有很强的下游资源整合能力，使其能够适应各种终端设备。

应用软件可以说是物联网产业链上市场空间最大的一块，而且这一环节和 IT 渠道的关系也最为紧密。因此，对于大多数渠道商而言，尤其是一些具有行业积淀的 IT 渠道，选择这一环节切入无疑是最合适的。

（5）系统集成商

根据客户需求，将实现物联网的硬件软件和网络集成为一个完整解决方案，提供给客户的厂商，部分系统集成商也提供软件产品和行业解决方案。这也是整个产业链中市场空间比较大的一块，因为物联网所包含的范围非常广，而且标准也五花八门，因此，在用户端进行项目的实施时，肯定需要集成商进行产品和应用方案的整合。不过，与传统 IT 集成商不同的是，网联网系统集成商除了要对硬件产品和技术比较熟悉，对于行业的具体应用也要有很深的了解，甚至不止是一两个行业，必须要有很好的跨行业应用整合能力，否则很难成为合格的物联网解决方案集成商。在物联网发展中期系统集成商将会开始受益，而且也最具有发展前景。

（6）运营及服务提供商

这是指行业的、领域的物联网应用系统的专业运营服务商，为客户提供统一的终端设备鉴权、计费等服务，实现终端接入控制、终端管理、行业应用管理、业务运营管理、平台管理等服务。无论是政府公共服务领域还是纯粹的商业领域，第三方服务都是物联网平台运行的重要方向。

可以想象，未来物联网将会产生海量信息的处理和管理需求、个性化数据分析的要求，这些需求必将催生物联网运营商的需求量，因此，对物联网运营商而言，面临的将是一个从无到有的市场，增长空间非常大。

这一环节也是整个物联网产业链中最具持续性的环节。运营商的从无到有的过程可能会比较长，但未来的收益空间也最大，受益期会和整个物联网的生命周期一样长。目前中关村物联网产业联盟中，已经有企业在进行相关的尝试，而且动作比较大。不过，从短期来看，运营及服务提供商的增长空间不大，大概五年之后，可能会有新型的物联网增值运营商出现。

1.5.2 物联网核心产业链的组成

"感"、"知"、"控"技术构成了物联网的功能核心，感知层和处理层直接相关的产业构成了核心产业链，涉及了硬件软件和服务等各种业态。

物联网应用中，没有感知和控制的需求，就没有数据传输和数据处理的需求，单纯从物联网实现的功能角度分析，感知层的关联产业和企业处于物联网产业链的关键地位，感知层涉及的企业包括核心感知器件提供商、感知层末端设备提供商和软件开发商，它们是物联网产业的基础产业链。拥有自主知识产权的感应器件的研发、设计和制造是我国物联网产业发展的核心环节，与此相关的射频芯片、传感器芯片和系统芯片等核心芯片设计和生产商，以及感应器件制造商是扶持发展的重点之一。

物联网底层实现了"感"，要实现对物品的"知"，然后实现对物品的"控"，处理层的智能处理发挥着必不可少的作用，处理层的软件开发商、系统集成商、运营服务商在物联网产业链中具有重要地位，在一个应用系统建成以后，持续的应用和经济价值来源于处理层的服务，未来商业模式的创新也要基于处理层的平台服务模式构建在一个实际的物联网应用完成建设后，其经济价值、社会价值都是通过运行服务商实现的，这是实现物联网核心价值的关键环节。因此，在物联网发展处于应用推广试点示范的前期，产品生产商、技术开发商和解决方案提供商处于主导地位，它们占据了技术应用市场。而当物联网市场真正成熟进入市场成熟期后，新兴的信息技术服务企业——物联网平台运营服务商，在物联网产业链中真正发挥着主导地位，它们会成为物联网产业的主角，占据的是物联网服务市场，能够真正产生网络产业、平台产业特有的零边际成本，将促进用户锁定、高规模效益的经济效能。

物联网传输层属于独立运行服务的成熟通信网络，技术成熟、应用成熟、商业模式也比较成熟，属于物联网的网络支持服务系统，不应该属于物联网核心产业链的内容。当然，通信网络运营商如果基于自己的传输网络优势，向上、下的感知层处理层的服务延伸，提供应用系统的运维服务，此时已经不是传统意义的网络传输提供商了，它提供的是物联网的行业专网运营维护服务，属于运营维护服务商了。

（1）物联网的服务类型

根据物联网自身的特征，物联网应该提供以下几类服务：

① 联网类服务　　物品标识、通信和定位；
② 信息类服务　　信息采集、存储和查询；
③ 操作类服务　　远程配置、监测、远程操作和控制；
④ 安全类服务　　用户管理、访问控制、事件报警、入侵检测、攻击防御；
⑤ 管理类服务　　故障诊断、性能优化、系统升级、计费管理服务。

以上罗列的是通用物联网的服务类型集合，根据不同领域的物联网应用需求，以上服务类型可以进行相应的扩展或裁剪。物联网的服务类型是设计和验证物联网体系结构和物联网系统的主要依据。

（2）物联网在实际中的应用

由图1.10可见，物联网在智能交通、智能工业、智能环保、智能家居、智能医疗及城市治理体系的现代化等方面有较多的应用。

一是智能交通，车联网是一个发展重点，它的市场前景很好，但发展过程肯定很曲折。

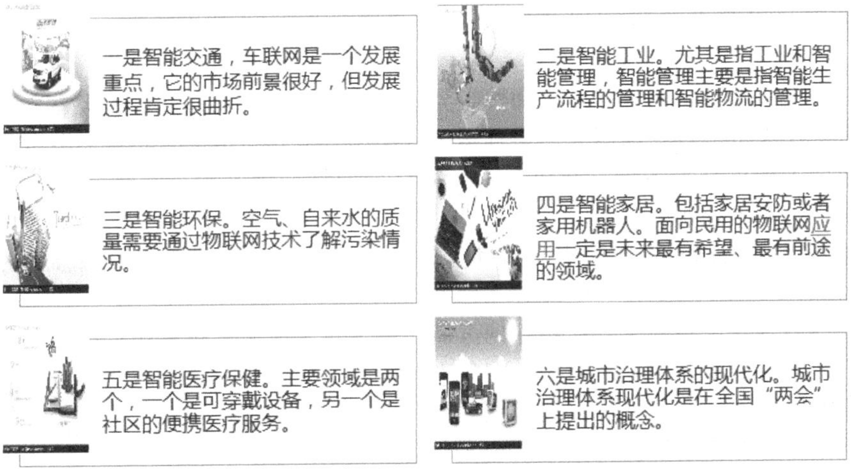

二是智能工业。尤其是指工业和智能管理，智能管理主要是指智能生产流程的管理和智能物流的管理。

三是智能环保。空气、自来水的质量需要通过物联网技术了解污染情况。

四是智能家居。包括家居安防或者家用机器人。面向民用的物联网应用一定是未来最有希望、最有前途的领域。

五是智能医疗保健。主要领域是两个，一个是可穿戴设备，另一个是社区的便携医疗服务。

六是城市治理体系的现代化。城市治理体系现代化是在全国"两会"上提出的概念。

图1.10　物联网的常见应用

① 物联网在智能交通方面的应用。智能交通包括公交视频监控、智能公交站台、电子票务、车管专家和公交手机一卡通、红绿灯自动控制和交通违章监管等业务；其中车联网是智能交通中的发展重点方向。车联网的定义就是由车辆位置、速度和路线等信息构成的巨大交互网络。通过GPS、RFID、传感器、摄像头图像处理等，车辆可以完成自身环境和状态信息的采集，通过互联网技术，所有的车辆可以将自身的各种信息传输汇聚到中央处理器，通过计算机技术，这些大量车辆的信息可以被分析和处理，从而计算出不同车辆的最佳路线、及时汇报路况和安排信号灯周期。

车联网系统是指利用先进传感技术、网络技术、计算技术、控制技术、智能技术，对道路和交通进行全面感知，实现多个系统间大范围、大容量数据的交互，对每一辆汽车进行交通全程控制，对每一条道路进行交通全时空控制，以提供交通效率和交通安全为主的网络与应用。

试想，在交通拥堵的繁华都市，多少上班族每天花费大量的时间用在上班途中，再加上每天的道路拥堵造成的时间上的浪费，每个人每天不知道浪费了多少时间和生命，如果能够改善这一状况，那么我们的人生相当于又增加了不同长度的寿命。

② 智能工业。智能工业是将具有环境感知能力的各类终端，基于泛在技术的计算模式，移动通信等不断融入到工业生产的各个环节，大幅提高制造效率，改善产品质量，降低产品成本和资源消耗，将传统工业提升到智能化的新阶段。工业和信息化部制定的《物联网"十二五"发展规划》中将智能工业应用示范工程归纳为：生产过程控制、生产环境监测、制造供应链跟踪、产品全生命周期监测，促进安全生产和节能减排。

在制造业方面，物联网应用于企业原材料采购、库存、销售等领域，通过完善和优化供应链管理体系，提高了供应链效率，降低了成本。空中客车（Airbus）通过在供应链体系中应用传感网络技术，构建了全球制造业中规模最大、效率最高的供应链体系。

在生产过程方面，物联网技术的应用提高了生产线过程检测、实时参数采集、生产设备监控、材料消耗监测的能力和水平。生产过程的智能监控、智能控制、智能诊断、智能决策、智能维护水平不断提高。钢铁企业应用各种传感器和通信网络，在生产过程中实现对加工产品的宽度、厚度、温度的实时监控，从而提高了产品质量，优化了生产流程。

产品设备监控管理各种传感技术与制造技术融合，实现了对产品设备操作使用记录、设备故障诊断的远程监控。GE Oil&Gas集团在全球建立了13个面向不同产品的i-Center，通过传感器和网络对设备进行在线监测和实时监控，并提供设备维护和故障诊断的解决方案。

工业安全生产管理把感应器嵌入和装备到矿山设备、油气管道、矿工设备中，可以感知危险环境中工作人员、设备机器、周边环境等方面的安全状态信息，将现有分散、独立、单一的网络监管平台提升为系统、开放、多元的综合网络监管平台，实现实时感知、准确辨识、快捷响应、有效控制。

③ 智能环保。实施对水质的实时自动监控，预防重大或流域性水质污染；对空气质量做出自动监测。

环保监测与环保设备的融合在物联网方面实现了对工业生产过程中产生的各种污染源及污染治理各环节关键指标的实时监控。在重点排污企业排污口安装无线传感设备，不仅可以实时监测企业排污数据，而且可以远程关闭排污口，防止突发性环境污染事故的发生。电信运营商已开始推广基于物联网的污染治理实时监测解决方案。

④ 智能家居。智能家居（英文：smart home，home automation）是以住宅为平台，利用综合布线技术、网络通信技术、安全防范技术、自动控制技术、音视频技术，将家居生活有关的设施集成，构建高效的住宅设施与家庭日常事务的管理系统，提升家居安全性、便利性、舒适性、艺术性，并实现环保节能的居住环境。

家庭自动化是智能家居的一个重要系统，在智能家居刚出现时，家庭自动化甚至就等同于智能家居，今天它仍是智能家居的核心之一，但随着网络技术在智能家居方面的普遍应用，网络家电/信息家电的成熟，家庭自动化的许多产品功能将融入到这些新产品中去，从而使单纯的家庭自动化产品在系统设计中越来越少，其核心地位也将被家庭网络/家庭信息系统所代替。它将作为家庭网络中的控制网络部分在智能家居中发挥作用。

家庭自动化系指利用微处理电子技术，来集成或控制家中的电子电器产品或系统，例如，照明灯、咖啡炉、电脑设备、保安系统、暖气及冷气系统、视频及音响系统等。家庭自动化系统主要是以一个中央微处理机（Central Processor Unit，CPU），接收来自相关电子电器产品（外界环境因素的变化，如太阳初升或西落等所造成的光线变化等）的信息后，再以既定的程序发送适当的信息给其他电子电器产品。中央微处理机必须透过许多界面来控制家中的电器产品，这些界面可以是键盘，也可以是触摸式荧幕、按钮、电脑、电话机、遥控器等；消费者可发送信号至中央微处理机，或接收来自中央微处理机的信号。

网络家电也是智能家居和一个应用方面，它是指将普通家用电器利用数字技术、网络技术及智能控制技术设计改进的新型家电产品。网络家电可以实现互联组成一个家庭内部网络，同时这个家庭网络又可以与外部互联网相连接。

智能安防可以说是智能家居应用的一大亮点。随着人们居住环境的升级，人们越来越重视自己的个人安全和财产安全，对人、家庭以及住宅的小区的安全方面提出了更高的要求；同时，经济的飞速发展伴随着城市流动人口的急剧增加，给城市的社会治安增加了新的难题。要保障小区的安全，防止偷抢事件的发生，就必须有自己的安全防范系统，人防的保安方式难以适应人们的要求，智能安防已成为当前的发展趋势。

视频监控系统已经广泛地存在于银行、商场、车站和交通路口等公共场所，但实际的监控任务仍需要较多的人工完成，而且现有的视频监控系统通常只是录制视频图像，提供的信息是没有经过解释的视频图像，只能用作事后取证，没有充分发挥监控的实时性和主动性。为了能实时分析、跟踪、判别监控对象，并在异常事件发生时提示、上报，为政府部门、安全领域及时决策、正确行动提供支持，视频监控的"智能化"就显得尤为重要。

智能安防系统可以实现对陌生人入侵、煤气泄漏、火灾等情况提前及时发现并通知主人，甚至可以通过遥控器或者门口控制器进行布防或者撤防。视频监控系统可以依靠安装在室外的摄像机有效地阻止小偷进一步行动，并且也可以在事后取证给警方提供有利证据。

⑤ 物联网在医疗行业中的应用现状。智慧医疗的发展分为七个层次：一是业务管理系统，包括医院收费和药品管理系统；二是电子病历系统，包括病人信息、影像信息；三是临床应用系统，包括计算机医生医嘱录入系统（CPOE）等；四是慢性疾病管理系统；五是区域医疗信息交换系统；六是临床支持决策系统；七是公共健康卫生系统。

总体来说，中国的医疗处在第一、第二阶段向第三阶段发展的阶段，还没有建立真正意义上的CPOE，主要是缺乏有效数据，数据标准不统一，加上供应商欠缺临床背景，在从标准转向实际应用方面也缺乏标准指引。我国要想从第二阶段进入到第五阶段，涉及许多行业标准和数据交换标准的形成，这也是未来需要改善的方面。

在远程智慧医疗方面，国内发展比较快，比较先进的医院在移动信息化应用方面，其实已经走到了许多国家的前面。比如，可实现病历信息、病人信息、病情信息等的实时记录、传输与处理利用，使得在医院内部和医院之间通过联网，实时地、有效地共享相关信息。这一点对于实现远程医疗、专家会诊、医院转诊等可以起到很好的支持作用，主要源于政策层面的推进和技术层的支持。但目前欠缺的是长期运作模式，缺乏规模化、集群化的产业发展，此外还面临成本高昂、安全性及隐私问题等，这也是促进未来智慧医疗发展的原因。

鉴于目前智慧医疗的应用现状，物联网技术的发展和成熟，使得物联网技术在医疗卫生领域的应用拥有巨大潜力，能够帮助医院实现对医疗对象（如病人、医生、护士、设备、物资、药品等）的智能化感知和处置，支持医院内部医疗信息、设备信息、药品信息、人员信息、管理信息的数字化采集、处理、存储、传输、决策等，实现医疗对象管理可视化、医疗信息数字化、医疗流程闭环化、医疗决策科学化、服务沟通人性化，能够满足医疗健康信息、医疗设备与用品、公共卫生安全的智能化管理与监控等方面的需求，从而解决医疗平台支撑薄弱、医疗服务水平整体较低、医疗安全隐患等问题。医疗服务应用模式主要有身份确认、人员定位及监控、就诊卡双向数据通信、移动医疗监护、生命体征采集。医药管理应用模式主要有药品供应链管理、药品防伪、服药状况监控、生物制剂管理。医疗器械管理应用模式主要有手术器械管理，消毒包的管理，医疗垃圾处理，高价、放射性、锐利器械的追溯。

⑥ 物联网技术在物流业应用状况。目前物流信息系统能够实现对物流过程智能控制与管理的还不多，物联网及物流信息化还仅仅停留在对物品自动识别、自动感知、自动定位、过程追溯、在线追踪、在线调度等一般的应用。专家系统、数据挖掘、网络融合与信息共享优化、智能调度与线路自动化调整管理等智能管理技术应用还有很大差距。

目前只是在企业物流系统中，部分物流系统还可以做到与企业生产管理系统无缝结合，智能运作；在部分全智能化和自动化的物流中心的物流信息系统，可以做到全自动化与智能化物流作业。下面介绍几种主要物联网技术在物流业应用前景。

a. RFID　物联网的发展给 RFID 在物流业应用带来良好的发展机遇。随着物联网技术的发展，在物流领域，RFID 的应用将会由点到面，逐步拓展到更广的领域。

b. GPS　随着物联网技术的发展，基于 GPS/GIS 的移动物联网技术在物流业将获得巨大发展，以实现对物流运输过程的车辆与货物进行联网和监控，对移动的货运车辆进行定位与追踪等。预计未来几年中国物流领域对 GPS 系统市场需求将以每年 30% 以上的速度递增。

c. WSN　WSN 在物流中的应用还有待时日。要使 WSN 在物流中得到广泛应用需要解决许多关键技术问题，最先应用无线传感器网络的几个典型物流领域，可能是仓储环境监测、在运物资的实时跟踪监测、危险品物流管理和冷链物流管理等，以及 GPS 等相关技术在物流可视化管理与智能定位追踪方面的应用。

d. 智能机器人　在中国现代物流系统中，智能机器人主要有两种类型：一种是从事堆码跺物流作业的码垛机器人；另一种是从事自动化搬运的无人搬运小车 AGV。码垛机器人技术在不断发展，未来可成为物流领域物联网作业的一个执行者，进行高效的堆码跺及分拣作业。随着传感技术和信息技术的发展，AGV 也在向智能搬运车方向发展。随着物联网技术的应用，无人搬运车将成为物流领域物联网的一个重要的智慧终端。

目前，物联网在物流行业的应用，在物品可追溯领域的技术与政策等条件都已经成熟，应加快全面推进；在可视化与智能化物流管理领域应该开展试点，力争取得重点突破，取得有示范意义的案例；在智能物流中心建设方面需要物联网理念进一步提升，加强网络建设和物流与生产的联动；在智能配货的信息化平台建设方面应该统一规划，全力推进。

除上述应用领域以外，物联网还可以在智能物流，打造集信息展现、电子商务、物流配载、仓储管理、金融质押、园区安保、海关保税等功能为一体的物流园区综合信息服务平台；在 M2M 应用；在智能城市，用于城市的数字化管理和安全监控；在精准农业方面，通过实时采集温度、湿度、光照、CO_2 浓度，以及土壤温度、叶面湿度等参数，实现对指定设备自动关启的远程控制等。

总之，物联网的应用领域可以说是无处不在，只要用心创造，付诸实践，物联网可以在世界的每一个角落生根发芽，发展壮大。

1.6　展望

物联网使物品和服务功能都发生了质的飞跃，这些新的功能将给使用者带来进一步的效率、便利和安全，由此形成基于这些功能的新兴产业。物联网通过智能感知、识别技术与普适计算、泛在网络的融合应用，被称为继计算机、互联网之后世界信息产业发展的第三次浪潮。物联网被视为互联网的应用拓展，应用创新是物联网发展的核心，以用户体验为核心的创新 2.0 是物联网发展的灵魂。物联网需要信息高速公路的建立，移动互联网的高速发展以及固话宽带的普及是物联网海量信息传输交互的基础。依靠网络技术，物联网将生产要素和供应链进行深度重组，成为信息化带动工业化的现实载体。

据业内人士估计，中国物联网产业链每年将创造 1000 亿元左右的产值，它已经成为后 3G 时代最大的市场兴奋点。有业内专家认为，物联网一方面可以提高经济效益，大大节约成本；另一方面可以为全球经济的复苏提供技术动力。目前，加拿大、英国、德国、芬兰、意大利、日本、韩国等都在投入巨资深入研究探索物联网。同时，有专家认为，物联网架构建立需要明确产业链的利益关系，建立新的商业模式，而在新的产业链推动矩阵中，核心则是明确电信运营商的龙头地位。

物联网的发展，也是以移动技术为代表的普适计算和泛在网络发展的结果，带动的不仅仅是技术进步，而是通过应用创新进一步带动经济社会形态、创新形态的变革，塑造了知识社会的流体特性，推动面向知识社会的下一代创新（创新 2.0）形态的形成。移动及无线技术、物联网的发展，使得创新更加关注用户体验，用户体验成为下一代创新的核心。开放创新、共同创新、大众创新、用户创新成为知识社会环境下的创新新特征，技术更加展现其以人为本的一面，以人为本的创新随着物联网技术的发展成为现实。作为物联网的积极推动者的欧盟则梦想建立"未来物联网"。

欧盟信息社会和媒体司公布的《未来互联网 2020：一个业界专家组的愿景》报告指出，欧洲正面临经济衰退、全球竞争、气候变化、人口老龄化等诸多方面的挑战，未来互联网不会是万能灵药，但我们坚信，未来互联网将会是这些方面以及其他方面解决方案的一部分甚至是主要部分。报告谈及的未来互联网的 4 个特征：未来互联网基础设施将需要不同的架构，依靠物联网的新 Web 服务经济将会融合数字世界和物理世界，从而带来产生价值的新途径，未来互联网将会包括各种物品，未来互联网的技术空间和监管空间将会分离。作者认为，当务之急是摆脱现有技术的束缚，价值化频谱，以及信任和安全至关重要，用户驱动创新带来社会变化，鼓励新的商业模式。

物联网将成为全球信息通信行业的万亿元级新兴产业。到 2020 年之前，全球接入物联网的终端将达到 500 亿个。我国作为全球互联网大国，未来将围绕物联网产业链，在政策市场、技术标准、商业应用等方面重点突破，打造全球产业高地。物联网是继计算机、互联网和移动通信之后的又一次信息产业的革命性发展。目前物联网被正式列为国家重点发展的战略性新兴产业之一。物联网产业具有产业链长、涉及多个产业群的特点，其应用范围几乎覆盖了各行各业。

物联网连接物品网，达到远程控制的目的，或实现人和物或物和物之间的信息交换。当前物联网行业的应用需求和领域非常广泛，潜在市场规模巨大。物联网产业在发展的同时还将带动传感器、微电子、视频识别系统一系列产业的同步发展，带来巨大的产业集群生产效益。物联网是当前最具发展潜力的产业之一，将有力带动传统产业转型升级，引领战略性新兴产业的发展，实现经济结构和战略性调整，引发社会生产和经济发展方式的深度变革，具有巨大的战略增长潜能，是后危机时代经济发展和科技创新的战略制高点，已经成为各个国家构建社会新模式和重塑国家长期竞争力的先导力。

第 2 章
感知识别层

与人体结构中皮肤和五官的作用相似,感知层是物联网的"皮肤"和"五官"。它的功能是识别物体和采集信息,感知层包括二维码标签和识读器、RFID 标签和读写器、摄像头、GPS、传感器、终端、传感器网络等。

2.1 条形码技术

2.1.1 一维条形码

(1) 我们身边的条形码

在大型超市,可以看到收银员手持一个设备,对着客户选中的商品一扫,计算机屏幕就显示出所选商品的品名和价格。这是怎么一回事呢?原来在这些商品上面,都有一组粗细不同、间隔不等的竖条,上面还有一组数字,其实这种标识就是我们要介绍的条形码,收银员操作的设备叫做条形码阅读器。

条形码系统是随着计算机与信息技术的发展而诞生的,它是集编码、印刷、识别、数据采集和处理于一身的综合技术。条形码的出现极大地方便了商品流通,现代社会已经离不开商品条形码。据统计,目前我国已有 50 万种产品使用了国际通用的商品条形码。

条形码(Bar Code)是一种产品代码(Product Code),由一组宽窄不同且间隔不等的平行线条和相应的数字组成。条形码可以表示商品的多种信息,通过光电扫描输入计算机,从而判断出这件商品的产地、制造企业名称、品名规格、价格等一系列产品信息,大大提高了商品管理的效率。

例如,我们正在阅读的这本书的封底上也有一组条形码。它并不是什么"防伪标志",只是为了便于管理。条形码阅读器是一种特殊的信息输入设备,可以通过键盘接口或串行口与计算机相连接。条形码的信息在进入条形码阅读器之后,可以转化为计算机能够识别的数据,供进一步处理之用。条形码也可以复制在卡片上,制作成为条码卡,通过刷卡的方式读出信息。例如,条形码可以记录员工的个人信息,通过刷卡机就能记录考勤情况。

(2) 什么是一维条形码

上述介绍的条形码属于一维条形码，简称一维码。一维码是由一组规则排列的条、空及对应的字符组成的标记。普通的一维码在使用过程中仅作为识别信息，它的具体内容和含义是要通过计算机系统的数据库来提取相应的信息。一维码通常只在水平方向表达信息，而在垂直方向则不提供任何信息。

一维码是迄今为止最经济和实用的一种自动识别技术，它具有如下优点。

① 输入速度快　条形码输入的速度是键盘输入的 5 倍，并且能实现即时数据输入。

② 可靠性高　键盘输入数据的出错率为 1/300，利用光学字符识别技术的出错率为 1/10⁴，而采用条形码技术的误码率低于 1/10⁶，表明它输入数据的出错概率非常低。

③ 灵活实用　条形码标识既可以作为一种识别手段单独使用，也可以与相关识别设备组成一个联合系统，提供自动化程度更高的识别功能，还可以与其他控制设备连接起来实现自动化管理。

④ 制作简单　条形码标签易于制作，对设备和材料没有特殊要求。识别设备操作简便，不需要特殊培训，且设备的价格也相对便宜。

一维码可以提高信息录入的速度、减少差错率，但是传统的一维码也存在如下问题：数据容量较小，存储容量通常仅为 30 个字符左右；存储数据类型比较单一，一维码只能表示字母和数字；空间利用率较低，一维码只利用了一个空间方向来表达信息，且条形码尺寸相对较大；安全性能低、使用寿命短，一维码容易受到磨损，且在受到损坏后不能正确地被阅读。根据应用的需要，为了避免一维码的上述不足，人们研制并开发了二维条形码。

（3）条形码的扫描原理

从技术原理来看，条形码（这里未加区分时默认为一维条形码）是一种二进制代码，由一组规则排列的"条"、"空"及其对应字符组成，用于表示一定的物品信息。条形码中的"条"指对光线反射率较低的部分，"空"指对光线反射率较高的部分，它们的组合供条形码识读设备进行扫描识读，其对应字符由一组阿拉伯数字组成，供人们直接识读或通过键盘向计算机输入数据时使用。这一组条、空和相应的数字所表示的信息内容是相同的。

条形码的扫描需要扫描器，扫描器利用自身的光源来照射条形码，再利用光电转换器来接收反射的光线，将反射光线的明暗转换为数字信号。

条形码的译码原理如下：激光扫描器通过一个激光二极管发出一束光线，照射到一个旋转棱镜的来回摆动镜子上，反射后的光线穿过阅读窗口照射到条码表面，光线经过条或空的反射后返回阅读器，用一个镜子进行采集、聚焦，通过光电转换器转换成电信号，该信号将通过扫描器或终端上的译码软件进行译码，如图 2.1 所示。

无论采取哪种规则印制的条形码，它们都是由静区、起始字符、数据字符和终止字符组成，有的条形码在数据字符和终止字符之间可能还有校验字符。

条形码各组成部分的含义如下：

① 静区　顾名思义，这是不携带任何信息的空白区域，起提示作用，位于条形码起始和终止部分的边缘的外侧；

② 起始字符　这是条形码的第一位字符，具有特殊的结构，当扫描器读取该字符时，便开始正式读取代码了；

③ 数据字符　这是条形码的主要信息内容；

④ 校验字符　它用于检验读取的数据是否正确，不同的编码规则可能会使用不同的校验规则；

⑤ 终止字符　这是条形码的最后一位字符，也具有特殊的结构，用于告知代码扫描完毕，同时还起到检验计算的作用。

一个完整的条形码组成序列依次为：静区（前）、起始符、数据符、（中间分割符，主要用于 EAN 码)、(校验符)、终止符、静区（后），如图 2.2 所示。

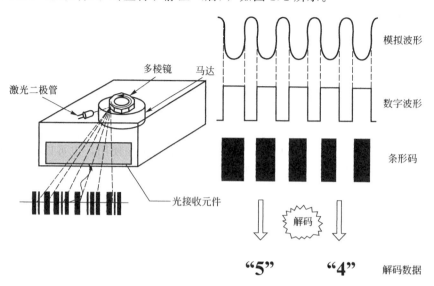

图 2.1　条形码的译码原理示意

图 2.2　条形码的组成序列

（4）条形码的特征

条形码具有如下特征。

① 唯一性　同种规格、同种产品对应同一个产品代码，同种产品、不同规格应对应不同的产品代码。根据产品的不同性质，如重量、包装、规格、气味、颜色和形状等，需要赋予不同的商品代码。

② 永久性　产品代码一经分配，就不再更改，并且是终身的。如果这种产品不再生产，那么它对应的产品代码只能搁置起来，不得再分配给其他的产品。

③ 无含义　为了保证代码有足够的容量，以适应产品频繁更新换代的需要，最好采用无含义的顺序码。无含义性原则指商品代码中的每一位数字不表示任何与商品有关的特定信息。有含义的编码通常会导致条形码编码容量的损失。厂商在编制商品项目代码时，通常使用无含义的流水号。

商品条形码的标准尺寸是 37.29mm×26.26mm，放大倍率是 0.8~2.0。如果印刷面积允许，应选择 1.0 倍率以上的条形码以满足识读要求。放大倍数越小的条形码，印刷精度要求越高，当印刷精度不能满足要求时，容易造成条形码识读困难。

由于条形码的识读利用了条形码的条和空的颜色对比度，通常采用浅色作为"空"的颜色，如白色、橙色和黄色，采用深色作为"条"的颜色，如黑色、暗绿色和深棕色。最好的颜色搭配是黑"条"、白"空"。根据条形码检测的实践经验表明，红色、金色和浅黄色不宜作为"条"的颜色，透明色、金色不能作为"空"的颜色。

（5）条形码的码制

条形码的编码方法称为码制。目前世界上常用的码制包括 EAN 条形码、UPC（统一产品代码）条形码、交叉二五条形码（Interleaved2/5Bar Code）、三九条形码、库德巴（Codabar）条形码和 128 条形码（Code 128）等，最常使用的是 EAN 商品条形码。

① EAN 条形码。EAN 条形码也被称为通用商品条形码，由国际物品编码协会制定，是目前国际上使用最广泛的一种商品条形码。我国目前在国内推广使用的也是这种商品条形码。EAN 商品条形码分为 EAN-13（标准版）和 EAN-8（缩短版）两种类型，如图 2.3 所示。

图 2.3　EAN-13（标准版）条形码和 EAN-8（缩短版）条形码

EAN-13 通用商品条形码一般由前缀部分、制造厂商代码、商品代码和校验码组成，图 2.4 所示是 EAN-13 条形码编码结构的一个实际例子。商品条形码中的前缀码是用于标识国家或地区的代码，只有国际物品编码协会组织才具有这种前缀码的赋码权，如规定 00～09 代表美国、加拿大，45～49 代表日本，690～692 代表中国大陆，471 代表我国台湾地区，489 代表我国香港特别行政区。

国家代码	厂商代码				商品代码				校验码
6　9　0	7	9	9	2	5	0	7	0　9　5	8
中国大陆	产址及地址：宁夏吴忠市金积工业园区				全脂灭菌纯牛乳 250mL				

图 2.4　EAN-13 条形码的编码结构示例

EAN-13 条形码的制造厂商代码由各个国家或地区的物品编码组织确定，我国由国家物品编码中心分配制造厂商的代码。EAN-13 条形码的商品代码是用于标识具体商品的编码，具体产品的生产企业具有商品代码的赋码权。按照规定要求，生产企业自己决定在何种商品上，使用哪些阿拉伯数字作为商品条形码。商品条形码最后采用 1 位校验码，来校验商品条形码中左起第 1～12 位数字代码的正确性。

EAN-8 条形码是指用于标识的数字代码为 8 位的商品条形码，由 7 位数字表示的商品项目代码和 1 位数字表示的校验码组成。

② UPC 条形码。1973 年美国统一编码协会（简称 UCC）在 IBM 公司的条形码系统基础上创建了 UPC 码系统。这种条形码只能表示数字，主要用于美国和加拿大地区的工业、医药、仓库等部门。它具有 A、B、C、D、E 共五个版本，版本 A 包括 12 位数字，版本 E 包括 7 位数字。

UPC 条形码 A 版的编码方案如下：第 1 位是数字标识，已经由 UCC（统一代码委员会）建立；第 2～6 位是生产厂家的标识号（包括第 1 位）；第 7～11 位是唯一的厂家产品代码；第 12 位是校验位。

③ 交叉二五条形码。这种码制是由美国 Intemec 公司在 1972 年发明的，初期主要用于仓储和重工业领域，1987 年日本将引入的交叉二五条形码标准化后用于储运方面的识别与管理。

这种条形码是不定长的，每个字符是由 5 个单元（2 宽 3 窄）组成的条码。它的所有"条"和"空"都表示代码，第 1 个数字由"条"开始，第 2 个数字由"空"组成，空白区比窄条宽 10 倍，如图 2.5 所示。这种条形码目前主要用于商品批发、仓库、机场、生产/包装识别等场合。交叉二五条形码的识读率高，可用于固定扫描器的扫描，在所有一维条形码中的密度最高。

图 2.5　交叉二五条形码

④ 三九条形码。这种条形码是在 1974 年由美国 Intemec 公司的戴维·利尔博士研制，能表示字母、数字和其他一些符号，共 43 个字符：A～Z、0～9、－、.、$、/、+、%、*。三九条形码的长度是可以变化的，通常用"*"号作为起始/终止符，校验码不用代码，密度介于每英寸 3～9.4 个字符，空白区是窄条的 10 倍，主要用于工业、图书和票证自动化管理。1980 年美国国防部将三九条形码确定为军事编码。

⑤ 库德巴条形码。1972 年美国人蒙纳奇·马金研制出库德巴码，如图 2.6 所示。这种条形码可表示数字 0～9、字符 $、+、－，还有只能用做起始/终止符的 a、b、c、d 四个字符。库德巴条形码的长度可变，没有校验位，每个字符表示为 4 "条"、3 "空"。这种条形码主要用于物料管理、图书馆、血站和机场包裹派送等。

⑥ 128 条形码。在 20 世纪 80 年代初，人们围绕提高条形码符号的信息密度，开展了多项研究，128 条形码就是其中的研究成果。这种条形码可用于表示高密度的数据，字符串可变长，内含校验码。128 条形码由 106 个不同肋条形码字符组成，每个条形码字符具有三种含义不同的字符集，分别为 A、B、C。128 条形码就是利用这 3 个交替的字符集，实现对 128 个 ASCII 码的编码，主要用于工业、仓库和零售批发。

2.1.2　二维条形码

在水平和垂直方向的二维空间存储信息的条形码，称为二维条形码（2D bar code），简称二维码。二维码是根据某种特定的几何图形和规律，在二维平面上利用黑白相间的图形来记录数据信息。在代码编制上它巧妙地利用了构成计算机内部逻辑基础的"0"、"1"比特流的概念，使用了若干个与二进制相对应的几何形体来表达文字和数据信息。二维码能在横向和纵向两个方位同时表达信息，因而可以在很小的面积内表达大量的信息内容。

与一维码类似，二维码也有许多不同的编码方法即码制，通常可分为三种类型：线性堆叠式二维码、矩阵式二维码和邮政码，如图 2.7 所示。

（1）线性堆叠式二维码

这种二维码是在一维码编码原理的基础上，将多个一维码在纵向进行堆叠，典型的码制包括 Code16K、Code 49、PDF417。其中，PDF417 码是由留美华人王寅敬博士发明的，

PDF 是取英文 Portable Data File（便携式数据文件）三个单词首字母的缩写。由于 PDF417 条形码的每一符号字符都是由 4 个"条"和 4 个"空"构成，如果将组成条形码的最窄条或空称为一个模块，则上述的 4 个"条"和 4 个"空"的总模块数必定为 17，因而称为 417 码或 PDF417 码。

图 2.6　库德巴条形码

图 2.7　二维条形码

PDF417 码的条形码有 3～90 行，每一行占一个起始部分、数据部分和终止部分。它的字符集包括所含 128 个字符，最大数据含量是 1850 个字符。PDF417 码不需要连接数据库，它本身可存储大量数据，主要用于医院、驾驶证、物料管理和货物运输等方面的应用。当这种条形码受到一定破坏时，错误纠正功能可以使条形码正确解码。

（2）矩阵式二维码

这种二维码利用黑、白像素在矩阵空间的不同分布进行编码，典型的码制包括 Aztec、Maxi Code、QR Code、Data Matrix 等。Aztec 码由美国韦林公司研制，最多可容纳 3832 个数字或 3067 个字母字符，或者 1914 个字节的数据。Maxi code 码由美国联合包裹速递服务公司研制，用于包裹速递的分拣和跟踪。Data Matrix 码主要用于电子行业小零件的标识，如 Intel 的奔腾处理器的背面就印制有这种条形码。

（3）邮政码

邮政码是利用不同长度的"条"进行编码，主要用于邮件编码，如 Postnet、BP04—state。Postnet（邮政数字编码技术）条形码用于对美国邮件的 ZIP 代码进行编码，Postnet 代码必须为数字，每个数字均由五个条形组成的图样来表示。

总体来说，与一维码相比，二维码具有明显的优势，主要体现在以下方面：

① 由于在两个维度上进行编码，二维码的数据存储量显著提高，数据容量更大；

② 增加了数据类型，超越了字母和数字的限制；

③ 由于采用两个维度的组合来存储信息，比同样信息的一维码所占用的空间尺寸要小，因而提高了空间利用率，使得条形码的相对尺寸变小；

④ 提高了保密性和抗损毁能力。

2009 年 12 月 10 日，我国铁道部对火车票进行了升级改版。新版火车票明显的变化是车票下方的一维条码变成二维防伪条码，火车票的防伪能力增强。进站口检票时，检票人员通过二维条码识读设备对车票上的二维条形码进行识读，系统自动辨别车票的真伪并将相应信息存入系统中。我国使用的一维条形码与二维条形码火车票的比较，如图 2.8 所示。

但是，二维码不能取代一维码。一维码的信息容量小，依赖数据库和通信网络，但识读的速度快，识读设备的成本低；二维码的数据容量大，无须依赖数据库和通信

图 2.8　火车票中一维码与二维码的比较

网络，但当条形码密度大时，识读速度较慢，且识读设备的成本较高。因此，二维码和一维码可以各自发挥优势，不能相互取代。

例如，关于我们熟悉的条形码在超市中的应用问题，超市商品采用一维码标识，其实这些标识只含有一串数字信息。收银员扫描条形码后显示的商品名称、生产厂家、保质期、价格等详细信息，都是通过这串数字信息在访问数据库之后获得的查询结果。如果将这些一维码替换为二维码，将商品的相关信息存储在二维码中，尽管扫描后不需要访问数据库就可以直接获得相关信息，但是商品流通中各个环节对价格等的管理控制就无法实现了，因此仍然必须采用一维码。

2.2 EPC 技术

2.2.1 EPC 技术发展背景

20世纪70年代，商品条码的出现引发了商业的第一次革命，一种全新的商业运作形式大大减轻了员工的劳动强度，顾客可以在一个全新的环境中选购商品，商家也获得巨大的经济效益。时至今日，许多人都享受到了条码技术带来的便捷和好处。21世纪的今天，一种基于射频识别技术的电子产品标签——EPC标签产生了。它将再次引发商业模式的变革——购物结账时，再也不必等售货员将商品一一取出、扫描条码、结账，而是在瞬间实现商品的自助式智能结账，人们称之为EPC系统。EPC系统是在计算机互联网的基础上，利用RFID、无线数据通信等技术，构造的一个覆盖世界上万事万物的实物互联网（Internet of Things）。

1999年麻省理工大学成立了Auto-ID Center，致力于自动识别技术的开发和研究。Auto-ID Center在美国统一代码委员会（UCC）的支持下，将RFID技术与Internet结合，提出了产品电子代码（EPC）概念。国际物品编码协会与美国统一代码委员会将全球统一标识编码体系植入EPC概念当中，从而使EPC纳入全球统一标识系统。

2003年11月1日，国际物品编码协会（EAN/UCC）正式接管了EPC在全球的推广应用工作，成立了EPCglobal，负责管理和实施全球的EPC工作。EPCglobal授权EAN/UCC在各国的编码组织成员负责本国的EPC工作，各国编码组织的主要职责是管理EPC注册和标准化工作，在当地推广EPC系统和提供技术支持以及培训EPC系统用户。在我国，EPCglobal授权中国物品编码中心作为唯一代表负责我国EPC系统的注册管理、维护及推广应用工作。同时，EPCglobal于2003年11月1日将Auto-ID中心更名为Auto-IDLab，为EPCglobal提供技术支持。

EPCglobal的成立为EPC系统在全球的推广应用提供了有力的组织保障。EPCglobal旨在改变整个世界，搭建一个可以自动识别任何地方、任何事物的开放性的全球网络，即EPC系统，可以形象地称其为"物联网"。在物联网的构想中，RFID标签中存储的EPC代码，通过无线数据通信网络把它们自动采集到中央信息系统，实现对物品的识别。进而通过开放的计算机网络实现信息交换和共享，实现对物品的透明化管理。

EPC编码是EPC系统的重要组成部分，它是对实体及实体的相关信息进行代码化，通过统一并规范化的编码建立全球通用的信息交换语言。

EPC编码是EAN·UCC在原有全球统一编码体系基础上提出的，它是新一代的全球统一标识的编码体系，是对现行编码体系的一个补充。

（1）什么是EPC

1998年麻省理工学院的两位教授提出，以射频识别技术为基础，对所有的货品或物品赋予其唯一的编号方案,来进行唯一的标识。这一标识方案采用数字编码,并且通过实物互联网来实现对物品信息的进一步查询。这一技术设想催生了 EPC 和物联网概念的提出。即利用数字编码,通过一个开放的、全球性的标准体系,借助于低价位的电子标签,经由互联网来实现物品信息的追踪和即时交换处理,在此基础上进一步加强信息的收集、整合和互换,并用于生产和物流决策。

EPC 又称电子产品编码。EPC 最终目标是为每一个商品建立全球的、开放的编码标准。

(2) EPC 的产生

20 世纪 70 年代开始大规模应用的商品条码(Bar Code for Commodity),现在已经深入到日常生活的每个角落,以商品条码为核心的 EAN.UCC 全球统一标识系统,已成为全球通用的商务语言。目前已有 100 多个国家和地区的 120 多万家企业和公司加入了 EAN.UCC 系统,上千万种商品应用了条码标识。EAN.UCC 系统在全球的推广加快了全球流通领域信息化、现代物流及电子商务的发展进程,提升了整个供应链的效率,为全球经济及信息化的发展起到了举足轻重的推动作用。

商品条码的编码体系是对每一种商品项目的唯一编码,信息编码的载体是条码,随着市场的发展,传统的商品条码逐渐显示出来一些不足之处。

GTIN 体系是对一族产品和服务,即所谓的"贸易项目",在买卖、运输、仓储、零售与贸易运输结算过程中提供唯一标识。虽然 GTIN 标准在产品识别领域得到了广泛应用,却无法做到对单个商品的全球唯一标识。而新一代的 EPC 编码则因为编码容量的极度扩展,能够从根本上革命性地解决了这一问题。

虽然条码技术是 EAN.UCC 系统的主要数据载体技术,并已成为识别产品的主要手段,但条码技术存在如下缺点。

① 条码是可视的数据载体　识读器必须"看见"条码才能读取它,必须将识读器对准条码才有效。相反,无线电频率识别并不需要可视传输技术,RFID 标签只要在识读器的读取范围内就能进行数据识读。

② 如果印有条码的横条被撕裂、污损或脱落,就无法扫描这些商品。而 RFID 标签只要与识读器保持在既定的识读距离之内,就能进行数据识读。

③ 现实生活中对某些商品进行唯一的标识越来越重要,如食品、危险品和贵重物品的追溯。而条码只能识别制造商和产品类别,而不是具体的商品。牛奶纸盒上的条码到处都一样,辨别哪盒牛奶已超过有效期将是不可能的。

2.2.2　EPC 编码

(1) EPC 编码原则

① 唯一性。EPC 提供对实体对象的全球唯一标识,一个 EPC 代码只标识一个实体对象。为了确保实体对象的唯一标识的实现,EPCglobal 采取了以下措施。

a. 足够的编码容量　EPC 编码冗余度见表 2-1。从世界人口总数(大约 60 亿)到大米总粒数(粗略估计 1 亿亿粒),EPC 有足够大的地址空间来标识所有这些对象。

表 2-1　EPC 编码冗余度

比特数	唯一编码数	对象
23	6.0×10^6/年	汽车
29	5.6×10^8 使用中	计算机
33	6.0×10^9	人口

续表

比特数	唯一编码数	对象
34	2.0×10^{10}/年	剃刀刀片
54	1.3×10^{16}/年	大米粒数

　　b. 组织保证　必须保证 EPC 编码分配的唯一性，并寻求解决编码冲突的方法，EPCglobal 通过全球各国编码组织来负责分配各国的 EPC 代码，建立相应的管理制度。

　　c. 使用周期　对一般实体对象，使用周期和实体对象的生命周期一致。对特殊的产品，EPC 代码的使用周期是永久的。

　　② 简单性。EPC 的编码既简单又能同时提供实体对象的唯一标识。以往的编码方案，很少能被全球各国各行业广泛采用，原因之一是编码的复杂导致不适用。

　　③ 可扩展性。EPC 编码留有备用空间，具有可扩展性。EPC 地址空间是可发展的，具有足够的冗余，确保了 EPC 系统的升级和可持续发展。

　　④ 保密性与安全性。EPC 编码与安全和加密技术相结合，具有高度的保密性和安全性。保密性和安全性是配置高效网络的首要问题之一。安全的传输、存储和实现是 EPC 能否被广泛采用的基础。

　　(2) EPC 编码关注的问题

　　① 生产厂商和产品。目前世界上的公司估计超过 2500 万家，考虑今后的发展，10 年内这个数目有望达到 3900 万家，EPC 编码中厂商代码必须具有一定的容量。

　　对厂商来讲，产品数量的变化范围很大，通常，一个企业产品类型数均不超过 10 万种（参考 EAN 成员组织）。对于中小企业来讲，产品类型就更不会超过 10 万种。

　　② 内嵌信息。在 EPC 编码中不嵌入有关产品的其他信息，如货品重量、尺寸、有效期、目的地等。

　　③ 分类。此分类是指将具有相同特征和属性的实体的管理和命名，这种管理和命名的依据不涉及实体的固有特征和属性，通常是管理者的行为。

　　例如，一罐颜料在制造商那里可能被当成库存资产，在运输商那里可能是"可堆叠的容器"，而回收商则可能认为它是有毒废品。在各个领域，分类是具有相同特点物品的集合，而不是物品的固有属性。

　　④ 批量产品编码。给批次内的每一样产品分配唯一的 EPC 代码，同时该批次也可视为一个单一的实体对象，分配一个批次的 EPC 代码。

　　⑤ 载体。EPC 是 EPC 代码存储的物理媒介，对所有的载体来讲，其成本与数量成反比。EPC 要广泛采用，必尽最大可能地降低成本。

　　(3) EPC 编码结构

　　EPC 代码是新一代的与 EAN. UPC 码兼容的新的编码标准，在 EPC 系统中 EPC 编码与现行 GTIN 相结合，因而 EPC 并不是取代现行的条码标准，而是由现行的条码标准逐渐过渡到 EPC 标准或者是在未来的供应链中 EPC 和 EAN. UCC 系统共存。

　　EPC 中码段的分配是由 EAN. UCC 来管理的。在我国，EAN. UCC 系统中 GTIN 编码是由中国物品编码中心负责分配和管理。同样，ANCC 也已启动 EPC 服务来满足国内企业使用 EPC 的需求。

　　EPC 代码是由一个版本号加上另外三段数据（依次为域名管理者、对象分类、序列号）组成的一组数字。其中版本号标识 EPC 的版本号，它使得 EPC 随后的码段可以有不同的长度；域名管理是描述与此 EPC 相关的生产厂商的信息，例如，"可口可乐公司"；对象分类记录产品精确类型的信息，例如，"美国生产的 330ml 罐装减肥可乐（可口可乐的一种新产品）"；序列号唯一标识货品，它会精确的告诉我们所说的究竟是哪一罐 330ml 罐装减肥可乐。EPC 代码结构见表 2-2。

表 2-2 EPC 代码结构

代码类型		版本号	域名管理	对象分类	序列号
EPC-64	TYPE I	2	21	17	24
	TYPE II	2	15	13	34
	TYPE III	8	26	13	23
EPC-96 EPC-256	TYPE I	8	28	24	36
	TYPE I	8	32	56	160
	TYPE II	8	64	56	128
	TYPE III	8	128	56	64

（4）EPC 编码类型

目前，EPC 代码有 64 位、96 位和 256 位 3 种。为了保证所有物品都有一个 EPC 代码，并使其载体——标签成本尽可能降低，建议采用 96 位，这样其数目可以为 2.68 亿个公司提供唯一标识，每个生产厂商可以有 1600 万个对象种类，并且每个对象种类可以有 680 亿个序列号，这对未来世界所有产品已经非常够用了。

鉴于当前不用那么多序列号，所以只采用 64 位 EPC，这样会进一步降低标签成本。但是随着 EPC-64 和 EPC-96 版本的不断发展，使得 EPC 代码作为一种世界通用的标识方案已经不足以长期使用，所以出现了 256 位编码。至今已经推出 EPC-96 I 型，EPC-64 I 型、II 型、III 型，EPC-256 I 型、II 型、III 型等编码方案。

① EPC-64 码。目前研制出了三种类型的 64 位 EPC 代码。

a. EPC-64 I 型　如图 2.9 所示，I 型 EPC-64 编码提供 2 位的版本号编码、21 位的 EPC 域名管理编码、17 位的对象分类和 24 位序列号。该 64 位 EPC 代码包含最小的标识码。21 位的 EPC 域名管理分区就会允许二百万个组使用该 EPC-64 码。对象种类分区可以容纳 131072 个库存单元远远超过 UPC 所能提供的，这样就可以满足绝大多数公司的需求。24 位序列号可以为 1600 多万单品提供空间。

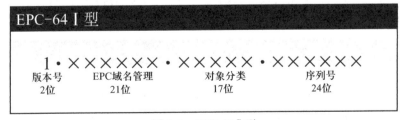

图 2.9　EPC-64 I 型

b. EPC-64 II 型　除了 I 型 EPC-64 码，还可采用其他方案来适合更大范围的公司、产品和序列号的要求。建议采用 EPC-64 II（见图 2.10）来适合众多产品以及价格反应敏感的消费品生产者。

那些产品数量超过两万亿，并且想要申请唯一产品标识的企业，可以采用 EPC-64 II 型。采用 34 位的序列号，最多可以标识 17 179 869 184 件不同产品，如图 2.10 所示。与 17 位对象分类区结合（允许多达 8192 对象分类），每一个工厂可以为 140 737 488 355 328 或者超过 140 万亿不同的单品编号。这远远超过了世界上最大的消费品生产商的生产能力。

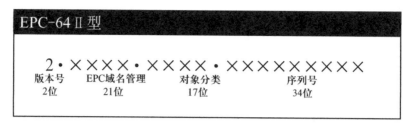

图 2.10　EPC-64 Ⅱ 型

c. EPC-64 Ⅲ 型。除了一些大公司和正在应用 EAN. UCC 编码标准的公司外，为了推动 EPC 应用过程，打算将 EPC 扩展到更加广泛的组织和行业。希望通过扩展分区模式来满足小公司、服务行业和组织的应用。因此，除了扩展单品编码的数量，就像第二种 EPC-64 那样，也会增加可以应用的公司数量来满足要求。

通过把域名管理分区增加到 26 位，EPC-64 Ⅲ 型如图 2.11 所示，可以提供 67 108 864 个公司来采用 64 位 EPC 编码。6700 多万个号码已经超出世界公司的总数，因此现在已经足够用的了。

采用 17 位对象分类分区，这样可以为 8192 种不同种类的物品提供空间。序列号分区采用 24 位编码，可以为超过 8 百万（$2^{24} = 8\ 388\ 608$）的商品提供空间。因此对于这 6700 多万个公司，每个公司允许超过 680 亿（$2^{36} = 68\ 719\ 476\ 736$）的不同产品采用此方案进行编码。

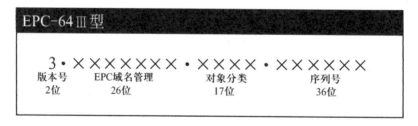

图 2.11　EPC-64 Ⅲ 型

② EPC-96 码。EPC-96 Ⅰ 型的设计目的是成为一个公开的物品标识代码。它的应用类似于目前的统一产品代码（UPC），或者 UCC. EAN 的运输集装箱代码，如图 2.12 所示。

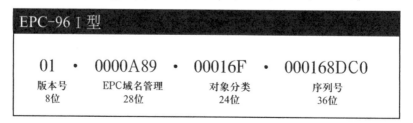

图 2.12　EPC-96 码 Ⅰ 型

如图 2.12 所示，域名管理负责在其范围内维护对象分类代码和序列号。域名管理必须保证对 ONS 可靠的操作，并负责维护和公布相关的产品信息。域名管理的区域占据 28 个数据位，允许大约 2.68 亿家制造商。这超出了 UPC-12 的十万个和 EAN-13 的一百万个的制造商容量。

对象分类字段在 EPC-96 代码中占 24 位。这个字段能容纳当前所有的 UPC 库存单元的编码。序列号字段则是单一货品识别的编码。EPC-96 序列号对所有的同类对象提供 36 位的唯一辨识号，其容量为 $2^{36}=68719476736$。与产品代码相结合，该字段将为每个制造商提供 $1.1×10^{28}$ 个唯一的项目编号——超出了当前所有已标识产品的总容量。

③ EPC-256 码。EPC-96 和 EPC-64 是作为物理实体标识符的短期使用而设计的。在原有表示方式的限制下，EPC-64 和 EPC-96 版本的不断发展，使得 EPC 代码作为一种世界通用的标识方案已经不足以长期使用。更长的 EPC 代码表示方式一直以来就广受期待并酝酿已久。EPC-256 就是在这种情况下应运而生的。

256 位 EPC 是为满足未来使用 EPC 代码的应用需求而设计的。因为未来应用的具体要求目前还无法准确的知道，所以 256 位 EPC 版本必须可以扩展以便其不限制未来的实际应用。多个版本就提供了这种可扩展性。

EPC-256 类型Ⅰ、类型Ⅱ和类型Ⅲ的位分配情况如图 2.13～图 2.15 所示。

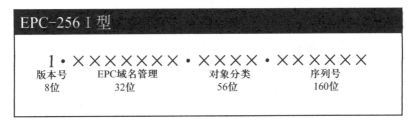

图 2.13　EPC-256Ⅰ型

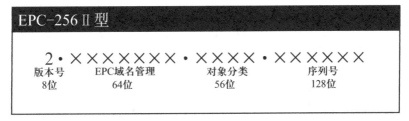

图 2.14　EPC-256Ⅱ型

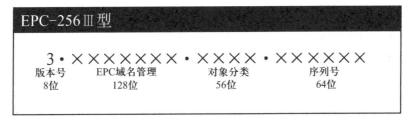

图 2.15　EPC-256Ⅲ型

2.3　传感器技术

20 世纪 90 年代，一个名叫克里斯·皮斯特的研究人员曾经有过一个疯狂的梦想：人们会在地球上撒上不计其数的微型传感器，每个传感器都比米粒还小。他把这些传感器叫做"智能尘埃"。"智能尘埃"就像地球的电子神经末梢一样，能将地球上的每件事都监控起来。

"智能尘埃"配有计算设备、传感设备、无线电台以及使用寿命很长的电池。它不是普通意义上的尘埃，而是一种廉价而又智能的微型无线传感器，它们互相联系，形成独立运行的网络，可以监测气候情况、车流量、地震损害等。它被誉为改变世界运行方式的技术。未来的"智能尘埃"甚至可以悬浮在空中几个小时，搜集、处理和发射信息，它能够仅靠电池就能工作多年。如把"智能尘埃"应用在军事领域，可以把大量"智能尘埃"装在宣传品、子弹或炮弹上，或在目标地点成批地撒落下去，形成严密的监视网络，敌国的军事力量和人员、物资的流动自然一清二楚。

2.3.1 初识传感器

世界是由物质组成的，各种事物都是物质的不同形态。人们为了从外界获得信息，必须借助于感觉器官。人的五官——眼、耳、鼻、舌、皮肤分别具有视、听、嗅、味、触觉等直接感受周围事物变化的功能，人的大脑对五官感受到的信息进行加工、处理，从而调节人的行为活动。人们在研究自然现象、规律以及生产活动中，有时需要对某一事物的存在与否作定性了解，有时需要进行大量的实验测量以确定对象的量值的确切数据，所以单靠人的自身感觉器官的功能是远远不够的，需要借助于某种仪器设备来完成，这种仪器设备就是传感器。传感器是人类五官的延伸，是信息采集系统的首要部件。

关于传感器的概念，国家标准 GB7665-1987 是这样定义的："能感受规定的被测量，按照一定的规律转换成可用信号的器件或装置。通常由敏感元件和转换元件组成。"也就是说，传感器是一种检测装置，能感受到被测量的信息，并能将检测感受到的信息，按一定规律变换成为电信号或其他所需形式的信息输出，以满足信息的传输、处理、存储、显示、记录和控制等要求。它是实现自动检测和自动控制的首要环节。

传感器是构成物联网的基础单元，是物联网的耳目，是物联网获取相关信息的来源，具体来说，传感器是一种能够对当前状态进行识别的元器件，当特定的状态发生变化时，传感器能够立即察觉出来，并且能够向其他的元器件发出相应的信号，用来告知状态的变化。

目前，传感技术广泛应用在工业生产、日常生活和军事等各个领域。

在工业生产领域，传感器技术是产品检验和质量控制的重要手段，同时也是产品智能化的基础。传感器技术在工业生产领域中广泛应用于产品的在线检测，如零件尺寸、产品缺陷等，实现了产品质量控制的自动化，为现代品质管理提供了可靠保障。另外，传感器技术与运动控制技术、过程控制技术相结合，应用于装配定位等生产环节，促进了工业生产的自动化，提高了生产效率。

传感器技术在智能汽车生产中至关重要。传感器作为汽车电子自动化控制系统的信息源、关键部件和核心技术，其技术性能将直接影响到汽车的智能化水平。目前普通轿车约需要安装几十个近百个传感器，而豪华轿车传感器的数量更是多达两百余个。发动机部分主要安装温度传感器、压力传感器、转速传感器、流量传感器、气体浓度和爆震传感器等，它们需要向发动机的电子控制单元（ECU）提供发动机的工作状况信息，对发动机的工作状态进行精确控制。汽车底盘使用了车速传感器、踏板传感器、加速传感器、节气门传感器、发动机转速传感器、水温传感器、油温传感器等，从而实现了控制变速器系统、悬架系统、动力转向系统、制动防抱死系统等功能。车身部分安装有温度传感器、湿度传感器、风量传感器、日照传感器、车速传感器、加速度传感器、测距传感器、图像传感器等，有效地提高了汽车的安全性、可靠性和舒适性等。

在日常生活领域，传感技术也日益成为不可或缺的一部分。首先，传感器技术广泛应用于家用电器，如数码相机和数码摄像机的自动对焦、空调、冰箱、电饭煲等的温度检测，遥控接收的红外检测等；其次，办公商务中的扫描仪和红外传输数据装置等也采用了传感器技术;第三,医疗卫生事业中的数字体温计、电子血压计、血糖测试仪等设备同样是传感器技术的产物。

在科技军事领域,传感技术的应用主要体现在地面传感器,其特点是结构简单、便于携带、易于埋伏和伪装,可用于飞机空投、火炮发射或人工埋伏到交通线上和敌人出现的地段,用来执行预警、地面搜索和监视任务,当前的军事领域使用的传感器主要有震动传感器、声响传感器、磁性传感器、红外传感器、电缆传感器、压力传感器和扰动传感器等。传感器技术在航天领域中的作用更是举足轻重,用于火箭测控、飞行器测控等。

2.3.2 常用传感器

(1) 温度传感器

温度是表征物体冷热程度的物理量。在人类社会的产生、科研和日常生活中,温度的测量都占有重要的地位。温度传感器可用于家电产品中的空调、干燥器、电冰箱、微波炉等;还可用在汽车发动机的控制中,如测定水温、吸气温度等;也广泛用于检测化工厂的溶液和气体的温度。但是温度不能直接测量,只能通过物体随温度变化的某些特征来间接测量。

用来度量物体温度数值的标尺称为温标,它规定温度的度数起点(零点)和测量温度的基本单位。目前,国际上用得较多的温标有华氏温标、摄氏温标、热力温标和国际实用温标。温度传感器有各种类型,根据敏感元件与被测介质接触与否,可分为接触式和非接触式两大类;按照传感器材料及电子元件特性,可分为热电阻和热电偶两类。在选择温度传感器时,应考虑到诸多因素,如被测对象的湿度范围、传感器的灵敏度、精度和噪声、响应速度、使用环境、价格等。下面主要对接触式和非接触式传感器进行介绍。

① 接触式温度传感器。接触式温度传感器的监测部分与被测对象良好接触,又称温度计。通过传导或对流达到热平衡,从而使温度计的示值能直接表示被测对象的温度。一般测量精度较高。在一定的测温范围内,温度计也可测量物体内部的温度分布。但对于运动物体、小目标或热容量很小的对象,则会产生较大的测量误差。常用的温度计有双金属温度计、玻璃液体温度计、压力式温度计、电阻温度计、热敏电阻和温差电偶等。它们广泛用于工业、农业、商业等部门,在日常生活中人们也常常使用这些温度计。随着低温技术在国防工程、空间技术、冶金、电子、食品、医药和石油化工等部门的广泛应用和超导技术的研究,测量 120K(热力温标)以下温度的低温温度计得到了发展,如低温气体温度计、蒸汽压温度计、声学温度计、量子温度计、低温热电阻和低温温差电偶等。低温温度及要求感温元件体积小、精准度高、复现性和稳定性好。利用多孔高硅氧玻璃渗碳烧结而成的渗碳玻璃热电阻,就是低温温度计的一种感温元件,可用于测量 1.6~300K 范围内的温度。

② 非接触式温度传感器。非接触式温度传感器的敏感元件与被测对象互不接触,又称非接触式测温仪表。这种仪表可用来测量运动物体、小目标和热容量小或温度变化迅速(瞬间)对象的表面温度,也可用于测量温度场的温度分布。

最常用的非接触式测温仪表基于黑体辐射(黑体是一种理想的物质;它能百分百吸收射在它上面的辐射而没有任何反射;使它显示成一个完全的黑体。在某一特定温度下,黑体辐射出它的最大能量,称为黑体辐射。)的基本定律,形成辐射测温表。辐射测温法包括亮度法(见光学高温计)、辐射法(见辐射法高温计)和比色法(见比色温度计)。各类辐射测温方法只能测出对应的光度温度、辐射温度或比色温度。只有对黑体(吸收全部辐射并不反射光的物体)所测温度才是真实温度。如欲测定物体的真实温度,则必须进行材料表面发射率的修正。而材料表面发射率,不仅取决温度和波长,而且还与表面状态、涂膜和微观组织等有关,因此很难精确测量。在自动化生产中,往往需要利用辐射测温法,来测量或控制某些物体的表面温度,如冶金中的钢带轧制温度、锻件温度和各种熔融金属在冶炼炉或坩埚中的温度,在这些具体情况下,物体表面发射率的测量是相当困难的。对于固体表面温度的自动测量和控制,可以采用附加的反射镜,与被测表面一起组成黑体空腔。附加辐射的影响能提高被测表面的有效辐射和有效发射系数。利用有效发射系数,通过仪表对实测温度进行相应的修正,最终可得到被测表面的真实温度。

图2.16和图2.17所示分别为数字温度传感器和工业温度传感器。

(2) 湿度传感器

随着时代的发展,湿度及对湿度的测量和控制,对人们的日常生活显得越来越重要。如气象、科研、农业、纺织、机房、航空航天、电力等部门,都需要采用湿度传感器来进行测量和控制,对湿度传感器的性能指标要求也越来越高,对环境温度、湿度的控制以及对工业材料水分值的监测和分析,都已成为比较普遍的技术环境条件之一。

图2.16 数字温度传感器

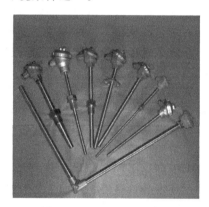

图2.17 工业温度传感器

① 基本概念

a. 绝对湿度和相对湿度　湿度是空气中含有水蒸气的多少。它通常用绝对湿度和相对湿度来表示,空气的干湿程度与单位体积的空气里所含水蒸气的多少有关,在一定温度下,一定体积的空气中,水汽密度愈大,气压也愈大,密度愈小,气压也愈小。所以通常是用空气里水蒸气的压强来表示湿度的。湿度是表示空气的干湿程度的物理量。空气的湿度有多种表示方式,如绝对湿度、相对湿度、露点等。湿度传感器如图2.18所示。

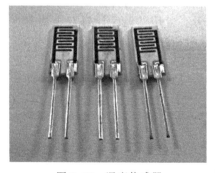

图2.18 湿度传感器

绝对湿度表示每立方米空气中所含的水蒸气的量,单位是 kg/m^3;相对湿度表示空气中的绝对湿度与同温度下的饱和绝对湿度的比值,得数是一个百分比。也就是指在一定时间内,某处空气中所含水汽量与该气温下饱和水汽量的百分比。

b. 露点　露点的概念有两种解释,一种是使空气里原来所含的未饱和水蒸气变成饱和时的温度称为露点。另一种是空气的相对湿度变成100%时,也就是实际水蒸气压强等于饱和水蒸气压强时的温度,称为露点。单位习惯上常用摄氏温度表示。人们常常通过测定露点,来确定空气的绝对湿度和相对湿度,所以露点也是空气湿度的一种表示方式。例如,当测得了在某一气压下空气的温度是20℃,露点是12℃,那么就可从表中查得20℃时的饱和蒸汽压为17.54mmHg(kPa),12℃时的饱和蒸汽压为10.52mmHg。则此时:空气的绝对湿度 $p=10.52$mmHg,空气的相对湿度 $B=(10.52/17.54)\times100\%=60\%$。采用这种方法来确定空气的湿度,有着重大的实用价值。

② 湿度传感器分类。湿度传感器基本上都为利用湿敏材料对水分子的吸附能力或对水分子产生物理效应的方法测量湿度。有关湿度测量，早在16世纪就有记载。许多古老的测量方法，如干湿球温度计、毛发湿度计和露点计等至今仍被广泛采用。现代工业技术要求高精度、高可靠和连续地测量湿度，因而陆续出现了种类繁多的湿敏元件。

湿敏元件主要分为两大类：水分子亲和力型湿敏元件和非水分子亲和力型湿敏元件。利用水分子有较大的偶极矩，易于附着并渗透入固体表面的特性制成的湿敏元件称为水分子亲和力型湿敏元件。例如，利用水分子附着或浸入某些物质后，其电气性能（电阻值、介电常数等）发生变化的特性可制成电阻式湿敏元件、电容式湿敏元件；利用水分子附着后引起材料长度变化，可制成尺寸变化式湿敏元件，如毛发湿度计。金属氧化物是离子型结合物质，有较强的吸水性能，不仅有物理吸附，而且有化学吸附，可制成金属氧化物湿敏元件。这类元件在应用时附着或浸入被测的水蒸气分子，与材料发生化学反应生成氢氧化物，或一经浸入就有一部分残留在元件上而难以全部脱出，使重复使用时元件的特性不稳定，测量时有较大的滞后误差和较慢的反应速度。目前应用较多的均属于这类湿敏元件。另一类非亲和力型湿敏元件利用其与水分子接触产生的物理效应来测量湿度。例如，利用热力学方法测量的热敏电阻式湿度传感器，利用水蒸气能吸收某波长段的红外线的特性制成的红外线吸收式湿度传感器等。

（3）超声波传感器

① 基本概念。声波是一种机械波，是机械振动在介质中的传播过程。频率为 $20\text{Hz}\sim 20\text{kHz}$ 能为人耳所听到的，称为可听声波；低于 20Hz 的称为次声波；高于 $2\times 10^5\text{Hz}$ 的称为超声波。

超声波传感器是利用超声波的特性研制而成的传感器。超声波振动频率高于可听声波。可换能晶片在电压的激励下，发声振动能产生超声波。它具有频率高、波长短、绕射现象小的特点，特别是方向性好，能够成为射线而定向传播等。超声波对液体、固体的穿透能力很强，在不透明的固体中它可穿透几十米的深度。超声波碰到杂质或分界面，会发生显著反射，反射成回波碰到活动物体能产生多普勒效应。因此，超声波检测广泛应用在工业、国防、生物医学等方面。

超声波探头主要由压电晶片组成，既可以发射超声波也可以接收超声波。小功率超声探头多用来探测。它有许多不同的结构，可分直探头（纵波）、斜探头（横波）、表面波探头（表面波）、兰姆波探头（兰姆波）、双探头（一个探头反射、一个探头接收）等，如图2.19所示。

② 工作原理。超声波是一种在弹性介质中的机械振荡，有两种形式：横向振荡（横波）及纵向振荡（纵波）。

图2.19 超声波传感器

在工业应用中主要采用纵向振荡。超声波可以在气体、液体及固体中传播，其传播速度不同。另外，它也有折射和反射现象，并且在传播过程中有衰减。在空气中传播超声波的频率较低，一般为几万赫兹，而在液体及固体中则频率较高。它在空气中衰减较快，在液体及固体中衰减较小，传播较远。利用超声波的特性可做成各种超声波传感器，再配上不同的电路，可制成各种超声测量仪器及装置，并在通信、医疗、家电等各方面得到广泛应用。

③ 系统组成。超声波传感器系统由发送传感器（或称波发送器）、接收传感器（或称波接收器）、控制部分与电源部分组成。发送器传感器，由发送器与使用直径为15m左右的陶瓷振子的换能器组成，是将陶瓷振子的电振动能量转换成超声波能量并向空气辐射。而接收

传感器由陶瓷振子换能器与放大电路组成，换能器接收超声波产生机械振动，将其转换成电能量作为传感器接收器的输出，从而对发送的超声波进行检测。而实际使用中用作发送传感器的陶瓷板子，也可以用作接收器传感器的陶瓷振子，控制部分主要对发送器发出的脉冲链频率、占空比及系数调制和计数及探测距离等进行控制。超声波传感器电源（或称信号源）可用 DC12V 或 24V。

（4）气敏传感器

人类的日常生活和生产活动与周围的环境密切相关，现代生活接触到的易燃、易爆、有毒等对人体有害气体的机会日益增多，如氢气、天然气、液化石油气、一氧化碳等。气敏传感器就是能够感知环境中某种气体及浓度，从而对环境进行检测、监控、报警的一种敏感器件。

由于气体种类繁多，性质各不相同，不可能用一种传感器检测所有类别的气体，因此，能实现气-电转换的传感器种类很多，按构成气敏传感器材料可分为半导体和非半导体两大类，目前实际使用最多的是半导体气敏传感器。

半导体气敏传感器是利用待测气体与半导体表面接触时，产生的电导率等物理性质变化来检测气体的。按照半导体与气体相互作用时产生的变化，只限于半导体表面或深入到半导体内部，可分为表面控制型和体控制型，前者半导体表面吸附的气体与半导体间发生电子接受，结果使半导体的电导率等物理性质发生变化，但内部化学组成不变；后者半导体与气体的反应，使半导体内部组成发生变化，而使电导率变化。按照半导体变化的物理特性，又可分为电阻型和非电阻型，电阻型半导体气敏元件是利用敏感材料接触气体时，其阻值变化来检测气体的成分或浓度；非电阻型半导体气敏元件是利用其他参数，如二极管伏安特性和场效应晶体管的阈值电压变化来检测被测气体的。

气敏传感器是暴露在各种成分的气体中使用的，由于检测现场温度、湿度的变化很大，又存在大量粉尘和油雾等，所以其工作条件较恶劣，而且气体对传感元件的材料会产生化学反应物，附着在元件表面，往往会使其性能变差。因此，对气敏元件有下列要求：能长期稳定工作，重复性好，响应速度快，共存物质产生的影响小等。用半导体气敏元件组成的气敏传感器主要用于工业上的天然气、煤气，石油化工等部门的易燃、易爆、有毒等有害气体的监测、预报和自动控制。

半导体气敏传感器由于具有灵敏度高、响应时间和恢复时间快、使用寿命长以及成本低等优点，从而得到了广泛的应用。按其用途可分为以下几种类型：气体泄漏报警、自动控制、自动测试等。表 2-3 给出了半导体气敏传感器的应用举例。

表 2-3 半导体气敏传感器的应用

分类	检测对象气体	应用场所
爆炸性气体	液化石油气、城市用煤气、甲烷、可燃性煤气等	家庭、煤矿、办事处等
有毒气体	一氧化碳、硫化氢、含硫的有机化合物、卤素、卤化物、氨气等	煤气灶、特殊场所等
环境气体	氧气(防止缺氧)、二氧化碳(防止缺氧)、水蒸气(调节温度、防止结霜)、大气污染等	家庭、办公室、电子设备、汽车、温室等
工业气体	氧气(控制燃烧、调节空气燃烧比)、一氧化碳(防止不完全燃烧)、水蒸气(食品加工)等	发电机、锅炉、电炊灶等
其他	呼出气体中的酒精、烟等	

2.3.3 手机中的传感器

随着技术的进步，手机已经不再是一个简单的通信工具，而是具有综合功能的便携式的电子设备。可以用手机听音乐、看电影、拍照等。手机变得无所不能。在这种情况下，各种传感器在手机中得到广泛应用。

下面主要介绍了几种典型的传感器及其在手机中的应用，如磁控传感器、光线传感器、触摸传感器（触摸屏的典型应用）、图像传感器（手机摄像头的应用）、磁阻传感器（电子指南针）、加速传感器（iphone4的三轴陀螺仪）等。这些传感器的应用为智能手机增加感知能力，使手机能够知道自己做什么，甚至是具体动作。

(1) 手机中的磁控传感器

在手机中磁控传感器主要包括干簧管和霍尔元件。干簧管和霍尔元件都是通过磁信号来控制线路通断的传感器，主要用在翻盖、滑盖手机的控制电路中。由于干簧管易碎等原因，现在手机中很少见到干簧管传感器了，使用最多的是霍尔传感器（也叫霍尔元件）。

① 手机中的干簧管传感器。由于干簧管传感器主要应用于老式的手机中，在新型手机中已经很少采用了，所以只对干簧管传感器进行简单介绍。

a. 干簧管传感器的外形特征　干簧管传感器就是一个密闭的玻璃管内有两个簧片，干簧管传感器分为常开型和常闭型，图2.20是干簧管传感器的常见外形。

b. 干簧管传感器的工作原理　干簧管传感器是利用磁场信号来控制的一种线路开关器件。干簧管传感器又被称为磁控管传感器。干簧管传感器的外壳一般是一根密封的玻璃管，在玻璃管中装有两个铁质的弹性簧片电极，玻璃管中充有某种惰性气体。平时玻璃管中的两个簧片是分开的，当有磁性物质靠近玻璃管时，在磁场磁力线的作用下，管内的两个簧片被磁化而互相吸引接触，使两个引脚所接的电路连通。外磁场消失后，两个簧片由本身的弹性而分开，线路就断开。干簧管传感器的工作原理如图2.21所示。

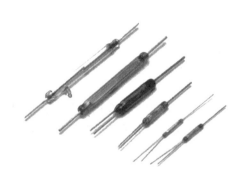

图2.20　干簧管传感器的常见外形

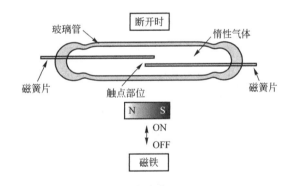

图2.21　干簧管传感器的工作原理

在实际运用中，通常使用磁铁来控制这两根金属片的接通与否，所以，又称其为磁控管传感器。磁控管传感器在手机中常常被用于翻盖手机、折叠式手机电路中，特别是早期的摩托罗拉、爱立信、三星手机使用最多。通过翻盖的动作，使翻盖上磁铁控制磁控管传感器闭合或断开，从而挂断电话或接听电话等。

在采用干簧管传感器结构的手机中，除有一个干簧管传感器外，还有有一个辅助磁铁，手机在通话时，磁铁应远离干簧管传感器，故这类手机有个共同的特点，就是磁铁在翻盖上（翻盖式手机）或听筒旁（折叠式手机）。如果手机既不是折叠式，又不是翻盖式，则不需采用干簧管传感器。

c. 干簧管传感器的故障特征　干簧管传感器本身是一种玻璃管，而玻璃易碎，所以干簧管传感器很容易损坏，特别是摔过的手机尤其如此，因此，目前一些新式的折叠式和翻盖式手机已不再采用干簧管传感器，而采用了原理与干簧管传感器类似的霍尔传感器。

当干簧管传感器损坏时,手机会出现一些很复杂的故障,如部分或全部按键失灵、开机困难、不显示等。因此,在检修手机开机困难、按键失灵、不显示等故障时,不可忘记对干簧管传感器的检查。

② 手机中的霍尔传感器。霍尔传感器是一个使用非常广泛的电子器件,在录像机、电动车、汽车、电脑散热风扇中都有应用。

在手机中主要应用在翻盖或滑盖的控制电路中,通过翻盖或滑盖的动作来控制挂掉电话或接听电话、锁定键盘及解除键盘锁等。

a. 霍尔传感器的外形特征　霍尔传感器的作用与干簧管传感器一样,工作原理非常相似,都是在磁场作用下直接产生通与断的动作。霍尔传感器是一种电子元件,其外形封装很似三极管,但看起来比三极管更胖一些。

手机中霍尔传感器的外形如图 2.22 所示。在手机中,霍尔传感器的封装有 3 个引脚的,也有 4 个引脚的。

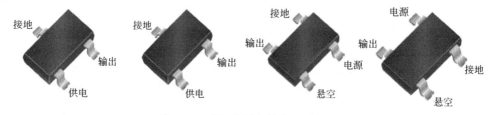

图 2.22　手机中霍尔传感器的外形

b. 霍尔效应　所谓霍尔效应,是指磁场作用于载流金属导体、半导体中的载流子时,产生横向电位差的物理现象。

金属的霍尔效应是 1879 年被美国物理学家霍尔发现的。当电流通过金属箔片时,若在垂直于电流的方向施加磁场,则金属箔片两侧面会出现横向电位差。半导体中的霍尔效应比金属箔片中更为明显,而铁磁金属在居里温度以下将呈现极强的霍尔效应。利用霍尔效应可以设计制成多种传感器。

由于通电导线周围存在磁场,其大小与导线中的电流成正比,故可以利用霍尔元件测量出磁场,就可确定导线电流的大小。利用这一原理可以设计制成霍尔电流传感器。其优点是不与被测电路发生电接触,不影响被测电路,不消耗被测电源的功率,特别适合于大电流传感器。

如果把霍尔传感器集成的开关按预定位置有规律地布置在物体上,当装在运动物体上的永磁体经过它时,可以从测量电路上测得脉冲信号。根据脉冲信号系列可以传感出该运动物体的位移。若测出单位时间内发出的脉冲数,则可以确定其运动速度。

c. 霍尔传感器　利用霍尔效应做成的半导体元件就是霍尔元件(霍尔传感器)。

霍尔传感器可用多种半导体材料制作,如 Ge、Si、InSb、GaAs、InAs、InAsP 以及多层半导体异质结构量子材料等。

霍尔传感器具有许多优点,它们的结构牢固,体积小,重量轻,寿命长,安装方便,功耗小,频率高(可达 1MHz),耐震动,不怕灰尘、油污、水汽及盐雾等的污染或腐蚀。

相对于干簧管传感器来说,霍尔传感器寿命较长,不易损坏;且对振动,加速度不敏感;作用时开关时间较快,一般为 0.1~2ms,较干簧管传感器的 1~3ms 快得多。

d. 霍尔传感器分类　霍尔传感器分为线性型霍尔传感器件和开关型霍尔传感器两种。

(a) 线性霍尔传感器。线性型霍尔传感器由霍尔元件、线性放大器和射极跟随器组成,它输出模拟量。

(b) 开关型霍尔传感器。开关型霍尔传感器由稳压器、霍尔元件、差分放大器、斯密特触发器和输出级组成,它输出数字量。手机中使用的霍尔传感器是微功耗开关型霍尔传感器。

e. 手机霍尔传感器电路详解 图 2.23 是 NOKIA N73 滑盖手机的霍尔传感器电路,当磁场作用于霍尔元件时产生一微小的电压,经放大器放大及施密特电路后使三极管导通输出低电平;当无磁场作用时三极管截止,输出为高电平。

在滑盖手机中,霍尔传感器件在上盖对应的方向有一个磁铁,用磁铁来控制霍尔传感器传感信号的输出,当合上滑盖的时候,霍尔传感器输出低电平作为中断信号到 CPU,强制手机退出正在运行的程序(例如正在通话的电话),并且锁定键盘、关闭 LCD 背景灯,当打开滑盖的时候,霍尔传感器输出 1.8V 高电平,手机解锁、背景灯发光、接通正在打入的电话。

在翻盖或滑盖手机中霍尔传感器也比较容易找,它的位置一般在磁铁对应的主板的正面或反面,只要找到磁铁就一定能找到霍尔传感器。直板手机中没有这个电路。

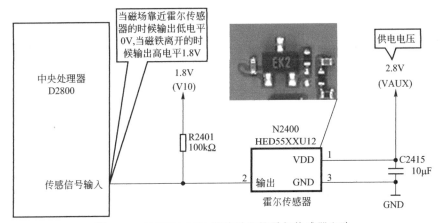

图 2.23 NOKIA N73 滑盖手机的霍尔传感器电路

(2) 手机中的光线传感器

从 2002 年,NOKIA 7650 手机开始使用光线传感器,到最新款的 iphone 手机中使用光线传感器。光线传感器在手机中的使用给人们增加了更多的便利。

在手机中使用的光线传感器件一般是光敏三极管,也叫光电三极管。光敏三极管有电流放大作用,所以比光敏电阻和光敏二极管应用更广泛。

① 光敏三极管的外形及符号。光敏三极管有 2 个 PN 结,其基本原理与光敏二极管相同,但是它把光信号变成电信号的同时,还放大了信号电流,因此具有更高的灵敏度,一般光敏三极管的基极已在管内连接,只有 C 和 E 两根引线引出(也有将基极引出的)。

在使用光敏三极管时,不能从外形来区分是光敏二极管还是光敏三极管,只能从型号来进行区分。

光敏三极管的外形及符号如图 2.24 所示,一般只有两个引脚引出,样子非常像普通的发光二极管。

② 光敏三极管的工作原理。光敏三极管与普通半导体三极管一样,是采用半导体制作工艺制成的具有 NPN 或 PNP 结构的半导体管。它在结构上与半导体三极管相似,它的引出电极通常只有两个,也有 3 个的。

光敏三极管的结构如图 2.25 所示。为适应光电转换

图 2.24 手机中的光敏三极管及符号

的要求，它的基区面积做得较大，发射区面积做得较小，入射光主要被基区吸收。和光敏二极管一样，管子的芯片被装在带有玻璃透镜金属管壳内，当光照射时，光线通过透镜集中照射在芯片上。

将光敏三极管接在图 2.26 所示的电路中，光敏三极管的集电极接正电位，其发射极接负电位。当无光照射时，流过光敏三极管的电流，就是正常情况下光敏三极管集电极与发射极之间的穿透电流 I_{ceo}，它也是光敏三极管的暗电流，其大小为：$I_{ceo} = (1 + h_{FE})I$（式中 I_{ceo} 为集电极与基极间的饱和电流；h_{FE} 为共发射极直流放大系数）。

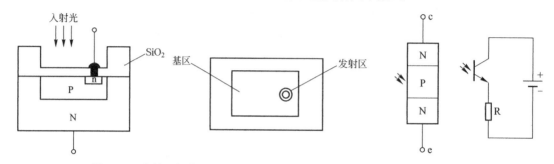

图 2.25　光敏三极管的芯片结构示意图　　图 2.26　光敏三极管等效电路

当有光照射在基区时，激发产生的电子-空穴对增加了少数载流子的浓度，使集电结反向饱和电流大大增加，这就是光敏三极管集电结的光生电流。该电流注入发射结进行放大，成为光敏三极管集电极与发射极间电流，它就是光敏三极管的光电流。可以看出，光敏三极管利用普通半导体三极管的放大作用，将光敏二极管的光电流放大了（$I + h_{FE}$）倍。所以，光敏三极管比光敏二极管具有更高的灵敏度。

③ 光敏三极管在手机中的应用。光敏三极管在手机上应用主要是根据环境光线明暗来判断用户的使用条件，从而对手机进行智能调节，达到节能和方便用户使用的目的。

黑暗环境下自动降低背光亮度，以免背光太亮刺眼。太阳下自动增加屏幕亮度，使显示更清楚。

手机移动到耳边打电话时，自动关闭屏幕和背光，可以延长手机的续航时间，同时关闭触屏，又可以达到防止打电话过程中误触屏幕挂断电话的误操作。

甚至还有手机设计成利用光线亮度控制铃声音量的功能，即通过外界光线的强弱，来控制铃声的大小，如手机装在衣服口袋或是皮包里时，就大声振铃，而取出时，环境光线改变了，振铃就随着减小，这个功能很有意思，一方面可以避免铃声过小误接电话；另一方面可以适应环境的需要，避免影响他人，同时还能节省电量。

以 NOKIA N73 手机为例，光敏三极管位于前摄像头旁边，如果在光线充足的情况下（室外或者是灯光充足的室内），大概在 2～3s 之后，键盘灯会自动熄灭，即使再操作手机，键盘灯也不会亮，除非到了光线比较暗的地方，键盘灯才会自动地亮起来；如果在光线充足的情况下，试着用手将光线感应器遮上 2～3s 之后，键盘灯会自动亮起来，这个就是光线感应器的作用。

④ 手机光线传感器电路详解。NOKIA N73 手机的光线传感器电路如图 2.27 所示，光敏三极管 V6501 将感应到的光线变成电信号送到电源管理/音频 IC 中的检测电路中，然后输出控制信号，控制 LCD 背光灯，使之能够随环境光线的强弱变换亮度，以达到节省电量满足视觉需要的目的。

（3）手机中的触摸传感器

在手机中使用的触摸传感器（touch sensor）就是平时我们俗称的触摸屏（Touch

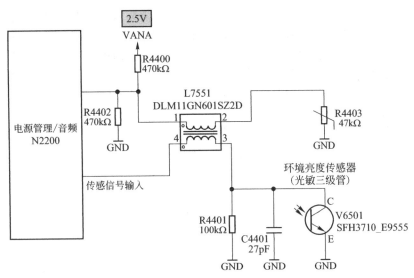

图 2.27 NOKIA N73 手机的光线传感器电路

panel),又称为触控面板,触摸传感器的使用使人机交互更加方便和直观,增加了人机交流的乐趣。触摸传感器的使用减少了手机菜单按键,操作更加简单、便捷。

在手机中使用的触摸传感器分为两类,第一类是电阻式触摸传感器,其代表就是国产大部分手机采用;第二类是电容式触摸传感器,其代表就是 iphone 手机等采用。

1)电阻式触摸屏

电阻式触摸屏是一种传感器,它将矩形区域中触摸点(X,Y)的物理位置转换为代表 X 坐标和 Y 坐标的电压。

很多 LCD 模块都采用了电阻式触摸屏,这种屏幕可以用四线、五线、七线或八线来产生屏幕偏置电压,同时读回触摸点的电压。

电阻式触摸屏基本上是薄膜加上玻璃的结构,薄膜和玻璃相邻的一面上均涂有 ITO(纳米铟锡金属氧化物)涂层,ITO 具有很好的导电性和透明性。当触摸操作时,薄膜下层的 ITO 会接触到玻璃上层的 ITO,经由感应器传出相应的电信号,经过转换电路送到处理器,通过运算转化为屏幕上的 X、Y 值,而完成点选的动作,并呈现在屏幕上。

① 电阻式触摸屏的工作原理。电阻式触摸屏包含上下叠合的两个透明层,四线和八线触摸屏由两层具有相同表面电阻的透明阻性材料组成,五线和七线触摸屏由一个阻性层和一个导电层组成,通常还要用一种弹性材料来将两层隔开。

电阻式触摸屏的结构如图 2.28 所示。

当触摸屏表面受到的压力(如通过笔尖或手指进行按压)足够大时,顶层与底层之间会产生接触。所有的电阻式触摸屏都采用分压器原理来产生代表 X 坐标和 Y 坐标的电压。如图 2.29,分压器是通过将两个电阻进行串联来实现的。上面的电阻(R_1)连接正参考电压(V_{REF}),下面的电阻(R_2)接地。两个电阻连接点处的电压测量值与下面电阻 R_2 的阻值成正比。

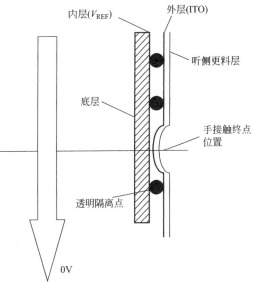

图 2.28 电阻式触摸屏的结构

为了在电阻式触摸屏上的特定方向测量一个坐标，需要对一个阻性层进行偏置：将它的一边接 V_{REF}，另一边接地。同时，将未偏置的那一层连接到一个 ADC 的高阻抗输入端。当触摸屏上的压力足够大，使两层之间发生接触时，电阻性表面被分隔为两个电阻。它们的阻值与触摸点到偏置边缘的距离成正比。触摸点与接地边之间的电阻相当于分压器中下面的那个电阻。因此，在未偏置层上测得的电压与触摸点到接地边之间的距离成正比。

② 四线电阻式触摸屏。在手机中使用电阻式触摸屏几乎全部都是四线触摸屏。

四线触摸屏包含两个阻性层。其中一层在屏幕的左右边缘各有一条垂直总线，另一层在屏幕的底部和顶部各有一条水平总线，如图 2.30 所示。

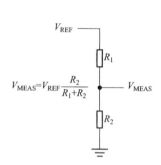

图 2.29 触摸屏的分压原理

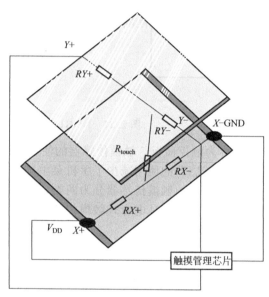

图 2.30 四线电阻式触摸屏工作原理

在触摸屏幕后，起到电压计作用的触摸管理芯片首先在 $X+$ 点上施加电压梯度 V_{DD}，在 $X-$ 点上施加接地电压 GND。然后，检测 Y 轴电阻上的模拟电压，并把模拟电压转化成数值，用模数转换器计算 X 坐标。在这种情况下，$Y-$ 轴变成感应线。同样地，在 $Y+$ 和 $Y-$ 点分施加电压梯度，可以测量 Y 轴坐标。

③ 电阻式触摸屏的外观及结构。电阻式触摸屏是覆盖在 LCD 上面一层玻璃结构的透明的材料，它与 LCD 是可以分离的，可以单独进行更换，有些手机的触摸屏和 LCD 做在一起，如果触摸屏损坏的时候只能一起更换。

部分手机会在触摸屏上面加一个屏幕面板，用来保护触摸屏和 LCD。触摸屏的外形结构如图 2.31 所示。

④ 电阻式触摸屏电路详解。图 2.32 所示是一款手机的电阻式触摸屏电路，电路由触摸检测部件、触摸屏控制芯片、CPU 组成，触摸屏安装在 LCD 的前面，用户检测自己的触摸位置，当手指触摸图标或菜单位置时，触摸屏将检测的信息送入触摸屏控制芯片，触摸屏控制器的主要作用是从触摸点检测装置上接收触摸信息，并将它转换成触点坐标，再送给 CPU，它同时能接收 CPU 发来的命令并加以执行。

2) 电容式触摸屏

电容式触摸屏是在玻璃表面贴上一层透明的特殊金属导电物质。当手指触摸在金属层上时，触点的电容就会发生变化，使得与之相连的振荡器频率发生变化，通过测量频率变化可以确定触摸位置获得信息。

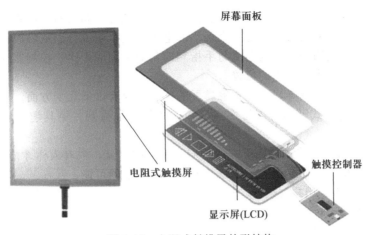

图 2.31 电阻式触摸屏外形结构

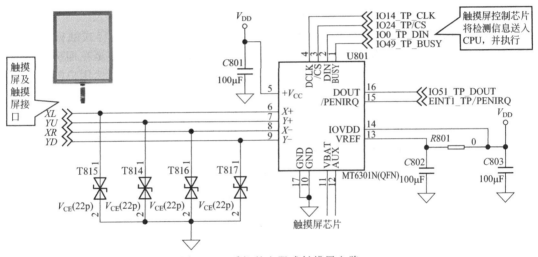

图 2.32 手机的电阻式触摸屏电路

① 电容式触摸屏工作原理。电容式触摸屏的构造主要是在玻璃屏幕上镀一层透明的薄膜体层,再在导体层外加上一块保护玻璃,双玻璃设计能彻底保护导体层及感应器,如图 2.33 所示。

电容式触摸屏在触摸屏四边均镀上狭长的电极,在导电体内形成一个低电压交流电场。在触摸屏幕时,由于人体电场,手指与导体层间会形成一个耦合电容,四边电极发出的电流会流向触点,而电流强弱与手指到电极的距离成正比,位于触摸屏幕后的控制器便会计算电

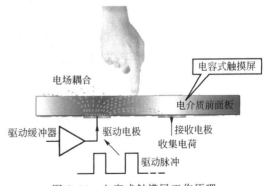

图 2.33 电容式触摸屏工作原理

流的比例及强弱,准确算出触摸点的位置。电容触摸屏的双玻璃不但能保护导体及感应器,更有效地防止外在环境因素对触摸屏造成影响,就算屏幕沾有污秽、尘埃或油渍,电容式触摸屏依然能准确算出触摸位置。

② 电容式触摸屏的特性。电容式触摸屏的感应屏是一块四层复合玻璃屏,玻璃屏的内表面和夹层各涂有一层导电层,最外层是一薄层硅土玻璃保护层。当我们用手指触摸在感应

屏上的时候，人体的电场让手指和触摸屏表面形成一个耦合电容，对于高频电流来说，电容是直接导体，于是手指从接触点分走一个很小的电流。这个电流分别从触摸屏的四角上的电极中流出，并且流经这四个电极的电流与手指到四角的距离成正比，控制器通过对这四个电流比例的精确计算，得出触摸点的位置。

相比传统的电阻式触摸屏，电容式触摸屏的优势主要有以下几个方面。

a. 操作新奇　电容式触摸屏支持多点触控，操作更加直观、更具趣味性。而电阻式触摸屏只支持单点触控；

b. 不易误触　由于电容式触摸屏需要感应到人体的电流，只有人体才能对其进行操作，用其他物体触碰时并不会有所相应，所以基本避免了误触的可能；

c. 耐用度高　比起电阻式触摸屏，电容式触摸屏在防尘、防水、耐磨等方面有更好的表现。

作为目前应用广泛的触摸屏技术，电容式触摸屏虽然具有界面华丽、多点触控、只对人体感应等优势，但与此同时，它也有以下几个缺点。

a. 精度不高　由于技术原因，电容式触摸屏的精度比起电阻式触摸屏还有所欠缺。而且只能使用手指进行输入，在小屏幕上还很难实现辨识比较复杂的手写输入。

b. 易受环境影响　温度和湿度等环境因素发生改变时，也会引起电容式触摸屏的不稳定甚至漂移。例如用户在使用的同时将身体靠近屏幕就可能引起漂移，甚至在拥挤的人群中操作也会引起漂移。这主要是由于电容式触摸屏技术的工作原理所致，虽然用户的手指距离屏幕更近，但屏幕附近还有很多体积远大于手指的电场同时作用，这样就会影响到触摸位置的判断。

c. 成本偏高　当前电容式触控屏在触控板贴附到 LCD 面板的步骤中还存在一定的技术困难，所以无形中也增加了电容式触控屏的成本。

③ 电容式触摸屏外观结构。图 2.34 是 iphone 手机的纯平触摸屏（touch lens，中文俗称有"镜面式触摸屏"、"纯屏触摸屏"）的外观，iphone 手机使用的电容式触摸屏，屏幕面板和触摸屏合二为一，透光率高，使用寿命长，适合手机的超薄化设计，加上可以多点触摸功能，深受 iphone 用户的喜爱。

图 2.34　iphone6 手机的电容式触摸屏

触摸传感器除了以上介绍的电阻式触摸屏和电容式触摸屏，还有其他类型的触摸屏，在此不再赘述。

2.3.4　手机中的摄像头

手机的摄像功能指的是手机是否可以通过内置或是外接的摄像头进行拍摄静态图片或短片，作为手机的一项新的附加功能，手机的摄像功能得到了迅速的发展。

手机的摄像功能离不开摄像头,摄像头是组成数码相机功能的重要部件,现在使用的手机中,没有摄像功能的可能寥寥无几。

(1) 手机摄像头的工作原理

① 摄像头的工作流程。景物通过镜头(LENS)生成的光学图像投射到图像传感器表面上,然后转为电信号,经过A/D(模数转换)转换后变为数字图像信号,再送到数字信号处理芯片(DSP)中加工处理,再通过CPU进行处理后,通过显示屏(LCD)就可以看到图像了,如图2.35所示。

图2.35 摄像头工作流程

② 摄像头的分类。摄像头分为数字摄像头和模拟摄像头两大类。

数字摄像头可以直接捕捉影像,然后通过数字信号处理芯片进行处理后,送到CPU,通过显示屏显示出来。现在手机上的摄像头基本以数字摄像头为主。

手机中的数字摄像头如图2.36所示。

模拟摄像头可以将视频采集设备产生的模拟视频信号转换成数字信号,进而将其储存在计算机里。模拟摄像头捕捉到的视频信号必须经过特定的视频捕捉卡将模拟信号转换成数字模式,并加以压缩后才可以转换到计算机上运用。

(2) 手机摄像头的结构

手机摄像头的结构如图2.37所示,一般由镜头、图像传感器、接口、数字信号处理器、CPU、显示屏等组成。

图2.36 手机中的数字摄像头

① 镜头(LENS)。手机摄像头镜头通常采用钢化玻璃或PMMA(有机玻璃,也叫亚克力),镜头固定在图像传感器的上方,可以通过手动调节镜头来改变聚焦,不过大部分手机不能手动调节聚焦,手机摄像头镜头在出厂时已经调好固定。

② 图像传感器(SENSOR)。传统相机使用"胶卷"作为其记录信息的载体,而数码相机的"胶卷"就是其成像感光器件,而且是与相机一体的,是数码相机的心脏。图像传感器是数码相机的核心,也是最关键的技术。目前手机数码相机的核心成像部件有两种:一种是广泛使用的CCD(电荷耦合)元件;另一种是CMOS(互补金属氧化物导体)器件。

③ 接口。手机中内置的摄像头本身是一个完整的组件,一般采用排线、板对板连接器、弹簧卡式连接方式与手机主板进行连接,将图像信号送到手机主板的数字信号处理芯片中进行处理。

④ 数字信号处理芯片(DSP)。数字信号处理芯片DSP(DIGITAL SIGNAL PROCESSING)的作用是,通过一系列复杂的数学算法运算,对数字图像信号参数进行优化处理。

数字信号处理芯片在手机主板上,将图像进行处理后,在CPU的控制下送到显示屏,然后就能够在显示屏上看到镜头捕捉的景物了。

(3) 图像传感器

图像传感器,是组成数字摄像头的重要组成部分。根据元件的不同,可分为CCD(Charge Coupled Device,电荷耦合元件)和CMOS(Complementary Metal-Oxide Semiconductor,

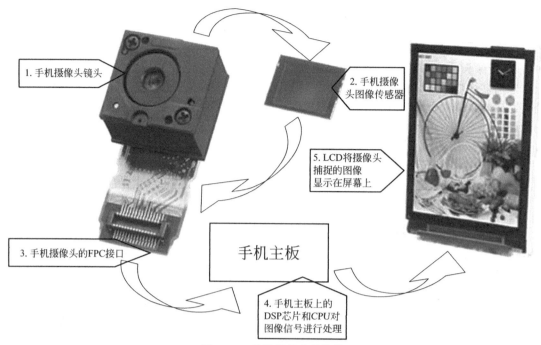

图 2.37　手机摄像头的结构

金属氧化物半导体元件）两大类。

① CCD。CCD（Charge Coupled Device），即"电荷耦合器件"，以百万像素为单位。数码相机规格中的多少百万像素，指的就是 CCD 的分辨率。CCD 是一种感光半导体芯片，用于捕捉图形，广泛运用于扫描仪、复印机以及无胶片相机等设备。与胶卷的原理相似，光线穿过一个镜头，将图形信息投射到 CCD 上。但与胶卷不同的是，CCD 既没有能力记录图形数据，也没有能力永久保存下来，甚至不具备"曝光"能力。所有图形数据都会不停留地送入一个"模-数"转换器，一个信号处理器以及一个存储设备（比如内存芯片或内存卡）。CCD 有各式各样的尺寸和形状，最大的有 $2in \times 2in$。

② CMOS。CMOS（Complementary Metal Oxide Semiconductor），即"互补金属氧化物半导体"。CMOS 传感器便于大规模生产，且速度快，成本较低，是数码相机关键器件的发展方向之一。

互补性氧化金属半导体 CMOS 和 CCD 一样，同为在数码相机中可记录光线变化的半导体。CMOS 的制造技术和一般计算机芯片没什么差别，主要是利用硅和锗这两种元素所做成的半导体，使其在 CMOS 上共存着带 N（带－电）和 P（带＋电）级的半导体，这两个互补效应所产生的电流，即可被处理芯片纪录和解读成影像。然而，CMOS 的缺点是太容易出现杂点，这主要是因为早期的设计使 CMOS 在处理快速变化的影像时，由于电流变化过于频繁而会产生过热的现象。

（4）手机摄像头电路

图 2.38 是 MTK 芯片组手机的摄像头电路，当手机进入拍照或摄像状态时，电源会分别提供 2.8V 和 1.8V 供电电压给摄像头组件接口的 2 脚和 19 脚，同时 CPU 送出复位信号到摄像头组件接口的 4 脚使摄像头复位，I2C 总线信号送到摄像头组件接口的 9 脚、10 脚，摄像头的控制信号分别送到摄像头组件接口的 3 脚、5 脚、6 脚、7 脚、8 脚。

此时摄像头组件进入工作状态，摄像头捕捉的景物在图像传感器上转化成电信号后，经过摄像头组件 U500 的 11 脚～18 脚数据通信接口，送至 CPU MT6225 内部，在 CPU 内部的数字信号处理器中处理后，送至 LCD 显示出摄像头捕捉的景物。

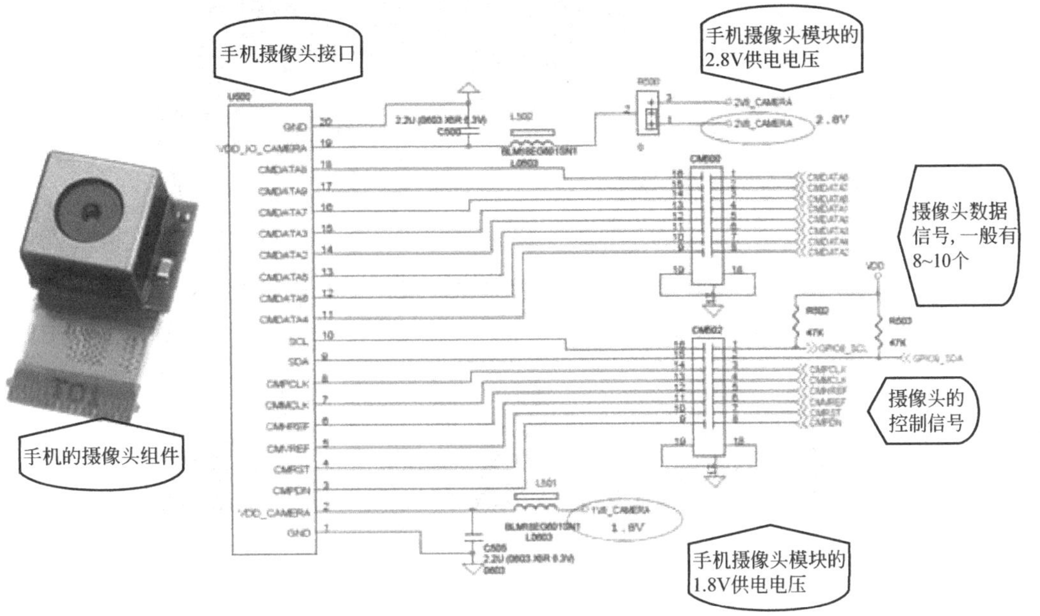

图 2.38 MTK 芯片组手机的摄像头电路

2.3.5 手机中的电子指南针

指南针是重要的导航工具，在很多领域都有广泛的应用。电子指南针将替代罗盘指南针，因为它全部采用固态元件，而且可以方便地和其他电子系统连接。电子指南针系统中磁场传感器的磁阻（MR）技术是最佳的解决方法，它比磁通量闸门传感器和霍尔元件都更先进。

（1）电子指南针工作原理

电子指南针（又称为电子罗盘）是一种重要的导航工具，能实时提供移动物体的航向和姿态。随着半导体工艺的进步和手机操作系统的发展，集成了越来越多传感器的智能手机变得功能强大，很多手机上都实现了电子指南针的功能。而基于电子指南针的应用（如 Android 的 Skymap），在各个软件平台上也流行起来。

图 2.39 是一款手机的电子指南针。

要实现电子指南针功能，需要一个检测磁场的三轴磁力传感器和一个三轴加速度传感器。随着微机械工艺的成熟，又推出了将三轴磁力计和三轴加速计集成在一个封装里的二合一传感器模块 LSM303DLH，这是一款成本低、性能高的电子指南针模块。

① 地磁场和航向角。如图 2.40 所示，地球的磁场像一个条形磁体一样由磁南极指向磁北极。在磁极点处磁场和当地的水平面垂直，在赤道磁场和当地的水平面平行，所以在北半球磁场方向倾斜指向地面。需要注意的是，磁北极和地理上的北极并不重合，通常它们之间有 11°左右的夹角。

地磁场是一个矢量，对于一个固定的地点来说，这个矢量可以被分解为两个与当地水平面平行的分量和一个与当地水平面垂直的分量。如果保持电子罗盘和当地的水平面平行，那么罗盘中磁力计的 3 个轴就和这 3 个分量对应起来，如图 2.41 所示。

图 2.39 手机的电子指南针

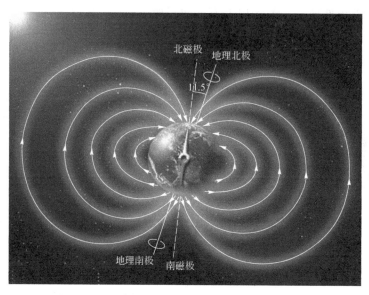

图 2.40 地磁场分布图

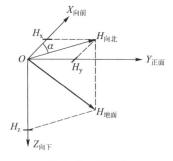

图 2.41 地磁场矢量分解示意图

实际上对水平方向的两个分量来说，它们的矢量和总是指向磁北的。电子指南针中的航向角 α（Azimuth）就是当前方向和磁北的夹角。由于电子指南针保持水平，只需要用磁力计水平方向两轴（通常为 X 轴和 Y 轴）的检测数据就可以计算出航向角。当指南针水平旋转的时候，航向角在 0°～360°之间变化。

② 磁力计工作原理。在 LSM303DLH 中磁力计采用各向异性磁致电阻（Anisotropic Magneto-Resistance）材料来检测空间中磁感应强度的大小。这种具有晶体结构的合金材料对外界的磁场很敏感，磁场的强弱变化会导致 AMR 自身电阻值发生变化。

在制造过程中，将一个强磁场加在 AMR 上使其在某一方向上磁化，建立起一个主磁域，与主磁域垂直的轴被称为该 AMR 的敏感轴，如图 2.42 所示。为了使测量结果以线性的方式变化，AMR 材料上的金属导线呈 45°角倾斜排列，电流从这些导线上流过，如图 2.43 所示。由初始的强磁场在 AMR 材料上建立起来的主磁域和电流的方向有 45°的夹角。

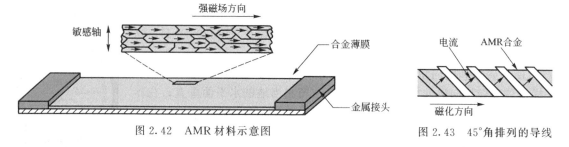

图 2.42 AMR 材料示意图　　　图 2.43 45°角排列的导线

当有外界磁场 Ha 时，AMR 上主磁域方向就会发生变化而不再是初始的方向了，那么磁场方向和电流的夹角 θ 也会发生变化，如图 2.44 所示。对于 AMR 材料来说，θ 角的变化会引起 AMR 自身阻值的变化，并且呈线性关系，如图 2.45 所示。

ST 利用惠斯通电桥检测 AMR 阻值的变化，如图 2.46 所示。$R_1/R_2/R_3/R_4$ 是初始状态相同的 AMR 电阻,但是 R_1/R_2 和 R_3/R_4 具有相反的磁化特性。当检测到外界磁场的时候,R_1/R_2 阻值增加 ΔR;而 R_3/R_4 减少 ΔR。这样在没有外界磁场的情况下,电桥的输出为零;而在有外界磁场时电桥的输出为一个微小的电压 ΔV。

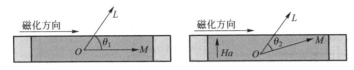

图 2.44 磁场方向和电流方向的夹角

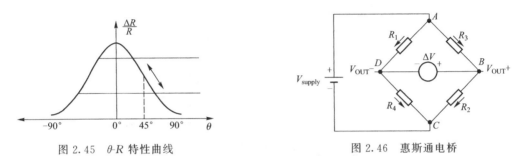

图 2.45 θ-R 特性曲线　　　　图 2.46 惠斯通电桥

当 $R_1=R_2=R_3=R_4=R$,在外界磁场的作用下电阻变化为 ΔR 时,电桥输出 ΔV 正比于 ΔR。这就是磁力计的工作原理。

(2) 电子指南针电路

下面以意法半导体的 LSM303DLH 模块为例介绍电子指南针电路,一个传统的电子指南针系统,至少需要一个三轴的磁力计以测量磁场数据,一个三轴加速计以测量指南针倾角,通过信号条理和数据采集部分将三维空间中的重力分布和磁场数据传送给处理器。处理器通过磁场数据计算出方位角,通过重力数据进行倾斜补偿。这样处理后输出的方位角不受电子指南针空间姿态的影响,如图 2.47 所示。

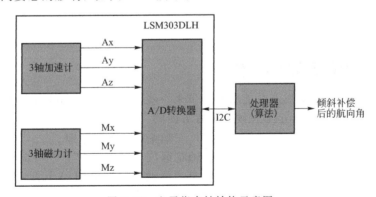

图 2.47 电子指南针结构示意图

LSM303DLH 将上述的加速计、磁力计、A/D 转化器及信号条理电路集成在一起,仍然通过 I2C 总线和处理器通信。这样只用一颗芯片就实现了 6 轴的数据检测和输出,减小了 PCB 板的占用面积,降低了器件成本。

LSM303DLH 的应用如图 2.48 所示。它需要的周边器件很少,连接也很简单,磁力计和加速计各自有一条 I2C 总线和处理器通信。如果 I/O 接口电平为 1.8V,Vdd_dig_M、Vdd_IO_A 和 Vdd_I2C_Bus 均可接 1.8V 供电,Vdd 使用 2.5V 以上供电即可;如果接口电平为 2.6V,除了 Vdd_dig_M 要求 1.8V 以外,其他皆可以用 2.6V。

C1 和 C2 为置位/复位电路的外部匹配电容，由于对置位脉冲和复位脉冲有一定的要求，建议用户不要随意修改 C1 和 C2 的大小。

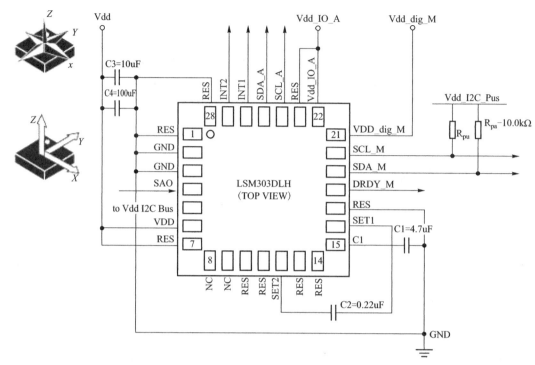

图 2.48 LSM303DLH 应用电路

对于便携式设备而言，器件的功耗非常重要，直接影响其待机的时间。LSM303DLH 可以分别对磁力计和加速计的供电模式进行控制，使其进入睡眠或低功耗模式。并且用户可自行调整磁力计和加速计的数据更新频率，以调整功耗水平。在磁力计数据更新频率为 7.5Hz、加速计数据更新频率为 50Hz 时，消耗电流典型值为 0.83mA。在待机模式时，消耗电流小于 $3\mu A$。

2.3.6 手机中的三轴陀螺仪

每一次 iphone 产品的的发布总能给我们带来一些全新的应用。iphone4 给我们带来了什么呢？三轴陀螺仪应该是 iphone4 在硬件配置方面的一大亮点了。

（1）三轴陀螺仪工作原理

三轴陀螺仪：同时测定 6 个方向的位置，移动轨迹，加速。单轴的只能测量一个方向的量，也就是 1 个系统需要 3 个陀螺仪，而 3 轴的 1 个就能替代 3 个单轴的。3 轴的体积小、重量轻、结构简单、可靠性好，是激光陀螺的发展趋势。

三轴陀螺仪原理如图 2.49 所示。

在 iphone4 手机中内置三轴陀螺仪，它可以与加速器和指南针一起工作，可以实现 6 轴方向感应，三轴陀螺仪更多的用途会体现在 GPS 和游戏效果上。一般来说，使用三轴陀螺仪后，导航软件就可以加入精准的速度显示，对于现有的 GPS 导航来说是个强大的冲

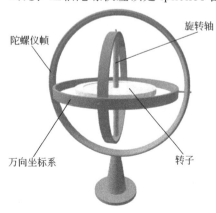

图 2.49 三轴陀螺仪原理

击,同时游戏方面的重力感应特性更加强悍和直观,游戏效果将大大提升。这个功能可以让手机在进入隧道丢失 GPS 信号的时候,凭借陀螺仪感知的加速度方向和大小继续为用户导航。而三轴陀螺仪将会与 iphone 原有的距离感应器、光线感应器、方向感应器结合起来让 iphone4 的人机交互功能达到了一个新的高度。

(2) 三轴陀螺仪的应用

在工程上,陀螺仪是一种能够精确地确定运动物体的方位的仪器,它是现代航空、航海、航天和国防工业中广泛使用的一种惯性导航仪器,它的发展对一个国家的工业、国防和其他高科技的发展具有十分重要的战略意义。传统的惯性陀螺仪主要是指机械式的陀螺仪,机械式的陀螺仪对工艺结构的要求很高,结构复杂,它的精度受到了很多方面的制约。自从 20 世纪 70 年代以来,现代陀螺仪的发展已经进入了一个全新的阶段。1976 年美国 Utah 大学的 Vali 和 Shorthill 提出了现代光纤陀螺仪的基本设想,到 20 世纪 80 年代以后,现代光纤陀螺仪就得到了非常迅速的发展,与此同时激光谐振陀螺仪也有了很大的发展。由于光纤陀螺仪具有结构紧凑、灵敏度高、工作可靠等优点,所以目前光纤陀螺仪在很多领域已经完全取代了机械式的传统陀螺仪,成为现代导航仪器中的关键部件。和光纤陀螺仪同时发展的除了环式激光陀螺仪外,还有现代集成式的振动陀螺仪。集成式的振动陀螺仪具有更高的集成度,体积更小,也是现代陀螺仪的一个重要的发展方向。

现代光纤陀螺仪包括干涉式陀螺仪和谐振式陀螺仪两种,它们都是根据塞格尼克的理论发展起来的。塞格尼克理论的要点是这样的:当光束在一个环形的通道中前进时,如果环形通道本身具有一个转动速度,那么光线沿着通道转动的方向前进所需要的时间,要比沿着这个通道转动相反的方向前进所需要的时间要多。也就是说当光学环路转动时,在不同的前进方向上,光学环路的光程相对于环路在静止时的光程都会产生变化。利用这种光程的变化,如果使不同方向上前进的光之间产生干涉来测量环路的转动速度,这样就可以制造出干涉式光纤陀螺仪,如果利用这种环路光程的变化来实现在环路中不断循环的光之间的干涉,也就是通过调整光纤环路光的谐振频率进而测量环路的转动速度,就可以制造出谐振式的光纤陀螺仪。从这个简单的介绍可以看出,干涉式陀螺仪在实现干涉时的光程差小,所以它所要求的光源可以有较大的频谱宽度,而谐振式的陀螺仪在实现干涉时,它的光程差较大,所以它所要求的光源必须有很好的单色性。

2010 年,苹果公司创新性地在新产品 iphone4 中置入"三轴陀螺仪",让 iphone 的方向感应变得更加智能,从此手机也有了像飞机一样的"感应",能够知道自己"处在什么样的位置"。

(3) iphone 手机中的三轴陀螺仪

陀螺仪是用于测量或维持方向的设备,基于角动量守恒原理。这句话的要点是测量或维持方向,这是 iphone4 为何搭载此类设备的原因。

iphone4 采用了微型的、电子化的振动陀螺仪,也叫微机电陀螺仪。iphone4 是世界上第一台内置 MEMS(微机电系统)三轴陀螺仪的手机,可以感知来自 6 个方向的运动,加速度,角度变化。

iphone4 手机采用了意法半导体的 MEMS 陀螺仪芯片,如图 2.50 所示。芯片内部包含有一块微型磁性体,可以在手机进行旋转运动时产生的科里奥力作用下向 X、Y、Z 三个方向发生位移,利用这个原理便可以测出手机的运动方向。而芯片核心中的另外一部分则可以将有关的传感数据转换为 iphone4 可以识别的数字格式。

微机电系统(MEMS)是一种嵌入式系统,在极小的空间内集成了电子和机械构件。一个基本的 MEMS 设备由专用集成电路(ASIC)和微机械硅传感器组成。当用户旋转手机,在科里奥利力(Coriolis force)的作用下,在 X、Y 及 Z 轴产生偏移。专用集成电路处理器感知到待验质量通过其下电容器板和位于边缘的指电容的偏移。

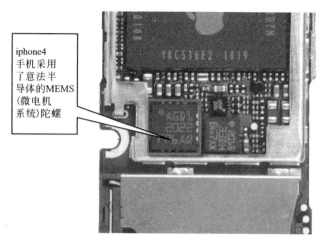

图 2.50　苹果手机的三轴陀螺仪芯片

2.3.7　手机中的重力传感器

在手机上的重力传感器利用压电效应实现,是测量内部一片重物(重物和压电片合成一体)、重力正交两个方向的分力大小,来判定水平方向。通过对力敏感的传感器,感受手机在变换姿势时重心的变化,使手机光标变化位置从而实现选择的功能。支持摇晃切换所需的界面和功能,是一种非常具有使用乐趣的功能。重力传感器就是把手机拿在手里是竖着的,你将它转 90°,横过来,它的页面就跟随手机的重心自动反应过来,也就是说页面也转了 90°,极具人性化。目前绝大多数中高端智能手机和平板电脑内置了重力传感器,如苹果的系列产品 iphone 和 iPad,Android 系列的手机等。重力传感器在手机横竖的时候屏幕会自动转屏,在玩游戏时可以代替上下左右,比如说玩赛车游戏(参见图 2.51),可以不通过按键,将手机平放,左右摇摆就可以代替模拟机游戏的方向左右移动了。

图 2.51　赛车游戏

重力传感器(图 2.52)是根据压电效应的原理来工作的。所谓的压电效应就是"对于不存在对称中心的异极晶体加在晶体上的外力,除了使晶体发生形变以外,还将改变晶体的极化状态,在晶体内部建立电场,这种由于机械力作用使介质发生极化的现象称为正压电效应"。重力传感器就是利用了其内部的由于加速造成的晶体变形这个特性。由于这个变形会产生电压,只要计算出产生电压和所施加的加速度之间的关系,就可以将加速度转化成电压输出。当然,还有很多其他方法来制作加速度传感器,比如电容效应、热气泡效应、光效应,但是其最基本的原理都是由于加速度使某个介质产生变形,通过测量其变形量,并用相关电路转化成电压输出。它的应用体现在下面几方面。

图 2.52 重力传感器

① 通过重力传感器测量由于重力引起的加速度,可以计算出设备相对于水平面的倾斜角度。通过分析动态加速度,可以分析出设备移动的方式。但是刚开始的时候,会发现光测量倾角和加速度好像不是很有用。但是,现在工程师们已经想出了很多方法获得更多有用的信息;

② 加速度传感器可以帮助仿生学机器人了解它现在身处的环境。是在爬山,还是在走下坡,是否摔倒。或者对于飞行类的机器人来说,对于控制姿态也是至关重要的。一个好的程序员能够使用加速度传感器来回答所有上述问题;

③ 重力传感器可以用来分析发动机的振动;

④ 重力传感器在进入消费电子市场之前,实际上已被广泛应用于汽车电子领域,主要集中在车身操控、安全系统和导航,典型的应用如汽车安全气囊(Airbag)、ABS 防抱死刹车系统、电子稳定程序(ESP)、电控悬挂系统等。

2.4 RFID

2.4.1 RFID 技术概述

RFID 即无线射频识别,俗称电子标签。是一种非接触式的自动识别技术,它通过射频信号自动识别目标对象,并获取相关数据,识别工作无需人工干预,可工作于各种恶劣环境。RFID 技术可识别高速运动物体,并可同时识别多个标签,操作快捷方便。

与其他自动识别技术相比,RFID 的主要特性包括以下 4 个方面。

① 数据的读写(readwrite)机能　只要通过 RFID Reader 即可不需接触,直接将信息读取至数据库内,且可一次处理多个标签,并可以将处理的状态写入标签,以备数据处理的读取判断之用。

② 小型化和多样化的形状　RFID 在读取上并不受尺寸大小和形状的限制,不需为了读取精确度而配合纸张的固定尺寸和印刷质量。此外,RFID 标签也可往小型化与多样形态发展,以应用在不同产品上。

③ 耐环境性　纸张一受到脏污就会看不到，但 RFID 对水、油和药品等物质具有很强的抗污性。RFID 在黑暗或脏污的环境中，也可以读取数据。

④ 可重复使用　由于 RFID 的数据为电子数据，可以反复被覆写，因此可以回收标签重复使用。如被动式 RFID，不需要电池就可以使用，没有维护保养的需要。

2.4.2 RFID 标签

(1) RFID 标签的特点

随着经济全球化、生产自动化的高速发展，在现代物流、智能仓库、大型港口集装箱自动装卸、海关与保税区自动通关等应用场景中，传统的条码、磁卡、IC 卡技术已经不能满足新的应用需求。我们可以用天津滨海新区保税区为例来说明这个问题。如果我们仍然使用条码技术，那么当从海运码头卸下大批集装箱，通过海关装载到火车、货车时，无论增加多少条通道、增加多少个海关工作人员，也不可能实现保税区的进出口货物的快速通关，必然造成货物的堆积和延误。解决大批货物快速通关的关键是解决通关货物信息的快速采集、自动识别与处理。使用 RFID 技术可以解决这个问题。当一辆装载着集装箱的货车通过关口的时候，RFID 读写器可以自动地"读出"贴在每一个集装箱、每一件物品上 RFID 标签的信息，海关工作人员面前的计算机就能够立即呈现出准确的进出口货物的名称、数量、发出地、目的地、货主等报关信息，海关人员根据这些信息来决定是否放行或检查。

和传统条形码识别技术相比，RFID 标签识别技术有以下特点。

① 快速扫描　条形码一次只能有一个条形码受到扫描，RFID 辨识器可同时辨识读取数个 RFID 标签。

② 体积小型化、形状多样化　RFID 在读取上并不受尺寸大小与形状限制，不需为了读取精确度而配合纸张的固定尺寸和印刷品质。此外，RFID 标签更可往小型化与多样形态发展，以应用于不同产品。

③ 抗污染能力和耐久性　传统条形码的载体是纸张，因此容易受到污染，但 RFID 对水、油和化学药品等物质具有很强抵抗性。此外，由于条形码是附于塑料袋或装纸箱上，所以特别容易受到折损；RFID 卷标是将数据存在芯片中，因此可以免受污损。

④ 可重复使用　现今的条形码印刷上去之后就无法更改，RFID 标签则可以重复地新增、修改、删除 RFID 卷标内储存的数据，方便信息的更新。RFID 技术与互联网和通信技术相结合，可实现提高管理与运作效率，降低成本。

⑤ 穿透性和无屏障阅读　在被覆盖的情况下，RFID 能够穿透纸张、木材和塑料等非金属或非透明的材质，并能够进行穿透性通信。而条形码扫描机必须在近距离而且没有物体阻挡的情况下，才可以辨读条形码。

⑥ 数据的记忆容量大　一维条形码的容量是 50B，二维条形码最大的容量可储存 2000~3000B，RFID 最大的容量则有数 MB。随着记忆载体的发展，数据容量也有不断扩大的趋势。未来物品所需携带的资料量会越来越大，对卷标所能扩充容量的需求也相应增加。

⑦ 安全性　由于 RFID 承载的是电子式信息，其数据内容可经由密码保护，使其内容不易被伪造及变造。近年来，RFID 因其所具备的远距离读取、高储存量等特性而备受瞩目。它不仅可以帮助一个企业大幅提高货物、信息管理的效率，还可以让销售企业和制造企业互联，从而更加准确地接收反馈信息，控制需求信息，优化整个供应链。

目前，RFID 已广泛应用于制造、销售、物流、交通、医疗、安全与军事等各种领域，能实现全球范围的各种产品、物资流动过程中的动态、快速、准确地识别与管理，因此已经引起了世界各国政府与产业界的广泛关注，并得到广泛应用。

(2) RFID 标签的基本结构

RFID 标签又称为"射频标签"或"电子标签"(Tag)。RFID 最早出现于 20 世纪 80 年代,首先由欧洲一些行业和公司用于库存产品统计与跟踪、目标定位与身份认证。随着集成电路设计与制造技术的不断发展,RFID 芯片向着小型化、高性能、低价格的方向发展,使得 RFID 逐步为产业界所认知。2011 年,日本日立公司展示了全世界最小的 RFID 芯片,仅有 0.0026mm^2,看上去就像米粒一样,可以嵌入在一张纸内,如图 2.53 所示。图 2.54(a)给出了体积与普通的米粒相当的玻璃管封装的

图 2.53 世界最小的 RFID 芯片

动物或人体植入式的 RFID 标签,图 2.54(b)给出了很薄的透明塑料封装的粘贴式 RFID 标签,图 2.54(c)给出了纸介质封装的粘贴式 RFID 标签照片。

(a) 玻璃管封装的植入式RFID　　(b) 透明塑料封装的粘贴式RFID　　(c) 纸介质封装的可粘贴式RFID

图 2.54 不同外观的 RFID 标签

图 2.55 给出了 RFID 标签内部结构示意图。从图中可以看出,RFID 标签是由存储数据的 RFID 芯片、天线与电路组成。

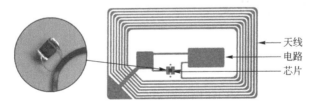

图 2.55 RFID 标签结构示意图

2.4.3 RFID 基本工作原理

(1) 被动式 RFID 标签工作原理

被动式 RFID 标签也叫做"无源 RFID 标签"。无源 RFID 标签工作原理如图 2.56 所示。对于无源 RFID 标签,当 RFID 标签接近读写器时,标签处于读写器天线辐射形成的近场范围内。RFID 标签天线通过电磁感应产生感应电流,感应电流驱动 RFID 芯片电路。芯片电路通过 RFID 标签天线将存储在标签中的标识信息发送给读写器,读写器天线再将接收到的标识信息发送给主机。无源标签的工作过程就是读写器向标签传递能量,标签向读写器发送

标签信息的过程。读写器与标签之间能够双向通信的距离称为"可读范围"或"作用范围"。

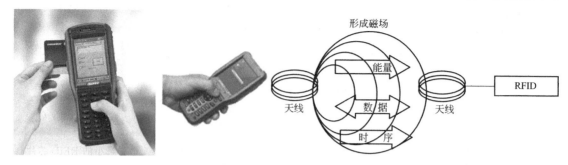

图 2.56　无源 RFID 标签工作原理

(2) 主动式 RFID 标签工作原理

主动式 RFID 标签也叫做"有源 RFID 标签"。处于远场的有源 RFID 标签由内部配置的电池供电。从节约能源、延长标签工作寿命的角度，有源 RFID 标签可以不主动发送信息。当有源标签接收到读写器发送的读写指令时，标签才向读写器发送存储的标识信息。有源标签工作过程就是读写器向标签发送读写指令，标签向读写器发送标识信息的过程。

(3) 半主动 RFID 标签

无源 RFID 标签体积小、重量轻、价格低、使用寿命长，但是读写距离短、存储数据较少，工作过程中容易受到周围电磁场的干扰，一般用于商场货物、身份识别卡等运行环境比较好的应用。有源 RFID 标签需要内置电池，标签的读写距离较远、存储数据较多、受到周围电磁场的干扰相对较小，但是标签的体积比较大、比较重、价格较高、维护成本较高，一般用于高价值物品的跟踪上。在比较两种基本的 RFID 标签优缺点的基础上，人们自然会想到将两者的优点结合起来，设计一种半主动式 RFID 标签。

半主动式 RFID 标签继承了无源标签体积小、重量轻、价格低、使用寿命长的优点，内置的电池在没有读写器访问的时候，只为芯片内很少的电路提供电源。只有在读写器访问时，内置电池才向 RFID 芯片供电，以增加标签的读写距离，提高通信的可靠性。半主动式 RFID 标签一般用在可重复使用的集装箱和物品的跟踪上。

2.4.4　RFID 标签的分类

根据 RFID 标签的供电方式、工作方式等的不同，可将其分为 6 种基本类型，如图 2.57 所示。

(1) 按标签供电方式进行分类

按标签供电方式进行分类，RFID 标签可以分为无源 RFID 标签和有源 RFID 标签两类。

① 无源 RFID 标签。无源 RFID 标签内不含电池，它的能量要从 RFID 读写器获取。当无源 RFID 标签靠近 RFID 读写器时，无源 RFID 标签的天线将接收到的电磁波能量转化成电能，激活 RFID 标签中的芯片，并将 RFID 芯片中的数据发送到 RFID 读写器。无源 RFID 标签的优点是体积小、重量轻、成本低、寿命长，可以制作成薄片或挂扣等不同形状，应用于不同的环境。但是，无源 RFID 标签由于没有内部电源，因此无源 RFID 标签与 RFID 读写器之间的距离受到限制，一般要求功率较大的 RFID 读写器。

② 有源 RFID 标签。有源 RFID 标签由内部电池提供能量。有源 RFID 标签的优点是作用距离远，有源 RFID 标签与 RFID 读写器之间的距离可以达到几十米，甚至可以达到上百米。有源 RFID 标签的缺点是体积大、成本高，使用时间受到电池寿命的限制。

(2) 按标签工作模式进行分类

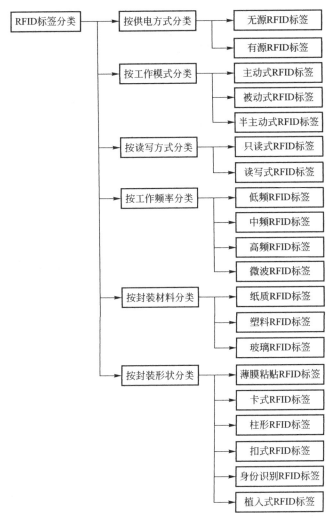

图 2.57 RFID 的分类

按标签工作模式进行分类，RFID 标签可以分为主动式、被动式与半主动式三类。

① 主动式 RFID 标签　主动式 RFID 标签依靠自身的能量主动向 RFID 读写器发送数据。

② 被动式 RFID 标签　被动式 RFID 标签从 RFID 读写器发送的电磁波中获取能量，激活后才能向 RFID 读写器发送数据。

③ 半主动式 RFID 标签　半主动式 RFID 标签自身的能量只提供给 RFID 标签中的电路使用，并不主动向 RFID 读写器发送数据。当它接收到 RFID 读写器发送的电磁波激活之后，才向 RFID 读写器发送数据。

(3) 按标签读写方式进行分类

按标签读写方式进行分类，RFID 标签可以分为只读式与读写式两类。

① 只读式 RFID 标签。在读写器识别过程中，只读式 RFID 标签的内容只可读出不可写入。只读式 RFID 标签又可以进一步分为只读标签、一次性编程只读标签与可重复编程只读标签。

只读标签的内容在标签出厂时已经被写入，在读写器识别过程中只能读出不能写入。只读标签内部使用的是只读存储器（ROM）。只读标签属于标签生产厂商受客户委托定制的一类标签。

一次性编程只读标签的内容不是在出厂之前写入，而是在使用前通过编程写入，在读写器识别过程中只能读出不能写入。一次性编程只读标签内部使用的是可编程序只读存储器（PROM）、可编程阵列逻辑（PAL）。一次性编程只读标签可以通过标签编码/打印机写入商品信息。

可重复编程只读标签的内容经过擦除后，可以重新编程写入，但是在读写器识别过程中只能读出不能写入。一次性编程只读标签内部使用的是可擦除可编程只读存储器（EPROM）或通用阵列逻辑（GAL）。

② 读写式 RFID 标签。读写式 RFID 标签的内容在识别过程中可以被读写器读出，也可以被读写器写入。读写式 RFID 标签内部使用的是随机存取存储器（RAM）或电可擦可编程只读存储器（EEROM）。

不同类型的标签的数据存储能力是不同的。RFID 标签的芯片有的设计为只读，有的设计为可擦除和可编程写入。第一代可读写标签一般是要完全擦除原有的内容之后，才可以写入，而有一类标签有 2 个或 2 个以上的内存块，读写器可以分别对不同的内存块编程写入内容。

(4) 按标签工作频率进行分类

根据国际无线电频率管理的规定，为了防止不同无线通信系统之间的相互干扰，使用无线信道开展通信业务时必须要向政府主管部门申请，免予申请专用的工业、科学与医药（Industrial Scientific Medical，ISM）频段包括：902～928MHz 的低频段、2.6～2.685GHz 的中高频段与 5.725～5.825GHz 的超高频与微波段。RFID 标签使用的是 ISM 频段。按照 RFID 标签的工作频率进行分类，可以分为：低频、中高频、超高频与微波四类。由于 RFID 工作频率的选取会直接影响芯片设计、天线设计、工作模式、作用距离、读写器安装要求，因此了解不同工作频率下 RFID 标签的特点，对于设计 RFID 应用系统是十分重要的。

① 低频 RFID 标签。低频标签典型的工作频率为 125～134.2kHz。低频标签一般为无源标签，通过电感耦合方式，从读写器耦合线圈的辐射近场中获得标签的工作能量，读写距离一般小于 1m。低频标签芯片一般采用普通的 CMOS 工艺制造，芯片造价低、省电，适合近距离、低传输速率、数据量较小的应用，如门禁、考勤、电子计费、电子钱包、停车场收费管理等。低频标签的工作频率较低，可以穿透水、有机组织和木材，其外观可以做成耳钉式、项圈式、药丸式或注射式，适用于牛、猪、信鸽等动物的标识。

② 中高频 RFID 标签。中高频标签的典型工作频率为 13.56MHz，其工作原理与低频标签基本相同，为无源标签。标签的工作能量通过电感耦合方式，从读写器耦合线圈的辐射近场中获得，读写距离一般小于 1m。高频标签可以方便地做成卡式结构，典型的应用有电子身份识别、电子车票，以及校园卡和门禁系统的身份识别卡。我国第二代身份证内就嵌有符合 ISO/IEC14443B 标准的 13.56MHz 的 RFID 芯片。

③ 超高频与微波段 RFID 标签。超高频与微波段 RFID 标签通常简称为"微波标签"，典型的超高频工作频率为 860～928MHz，微波段工作频率为 2.45～5.8GHz。微波标签主要有无源标签与有源标签两类。微波无源标签的工作频率主要是在 902～928MHz；微波有源标签工作频率主要在 2.45～5.8GHz。微波标签工作在读写器天线辐射的远场区域。

由于超高频与微波段电磁波的一个重要特点是：视距传输，超高频与微波段无线电波绕射能力较弱，发送天线与接收天线之间不能有物体阻挡。因此，用于超高频与微波段 RFID 标签的读写器天线被设计为定向天线，只有在天线定向波束范围内的电子标签可以被读写。读写器天线辐射场为无源标签提供能量，无源标签的工作距离大于 1m，典型值为 4～7m。

读写器天线向有源标签发送读写指令,有源标签向读写器发送标签存储的标识信息。有源标签的最大工作距离可以超过百米。微波标签一般用于远距离识别与对快速移动物体的识别。例如,近距离通信与工业控制领域、物流领域、铁路运输识别与管理,以及高速公路的不停车电子收费(ETC)系统。

(5) 按封装材料进行分类

按封装材料进行分类,RFID 标签可以分为纸质封装 RFID 标签、塑料封装 RFID 标签与玻璃封装 RFID 标签三类。

① 纸质封装 RFID 标签。纸质封装 RFID 标签一般由面层、芯片与天线电路层、胶层与底层组成。纸质 RFID 标签价格便宜,一般具有可粘贴功能,能够直接粘贴在被标识的物体上。图 2.58 给出了纸质封装 RFID 标签结构示意图。

② 塑料封装 RFID 标签。塑料封装 RFID 标签采用特定的工艺与塑料基材,将芯片与天线封装成不同外形的标签。封装 RFID 标签的塑料可以采用不同的颜色,封装材料一般都能够耐高温。塑料封装 RFID 标签的外形如图 2.59 所示。

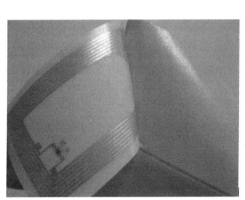

图 2.58 纸质封装 RFID 标签　　　　　　图 2.59 塑料封装 RFID 标签

③ 玻璃封装 RFID 标签。玻璃封装 RFID 标签将芯片与天线封装在不同形状的玻璃容器内,形成玻璃封装的 RFID 标签。玻璃封装 RFID 标签可以植入动物体内,用于动物的识别与跟踪,以及珍贵鱼类、狗、猫等宠物的管理,也可用于枪械、头盔、酒瓶、模具、珠宝或钥匙链的标识。图 2.60 给出了用于动物识别的玻璃封装 RFID 标签的外形与植入的工具。

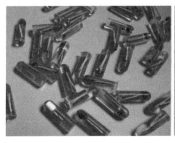 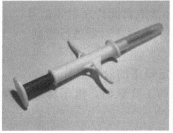 

图 2.60 玻璃封装 RFID 标签

未来，RFID 标签会直接在制作过程中就镶嵌到诸如服装、手机、计算机、移动存储器、家电、书籍、药瓶、手术器械上。

(6) 按标签封装的形状进行分类

人们可以根据实际应用的需要，设计出各种外形与结构的 RFID 标签。RFID 标签根据应用场合、成本与环境等因素，可以封装成以下几种外形：

① 粘贴在标识物上的薄膜型的自粘贴式标签；
② 可以让用户携带、类似于信用卡的卡式标签；
③ 可以封装成能够固定在车辆或集装箱上的柱型标签；
④ 可以封装在塑料扣中，用于动物耳标的扣式标签；
⑤ 可以封装在钥匙扣中，用于用户随身携带的身份标识标签；
⑥ 可以封装在玻璃管中，用于人或动物的植入式标签。

图 2.61 给出了适应于不同应用需要的不同形状的 RFID 标签。

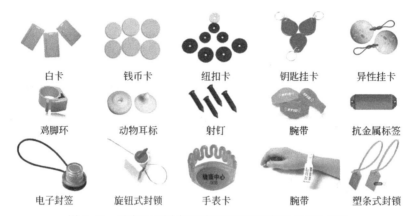

图 2.61 适应于不同应用需要的不同形状的 RFID 标签

2.4.5 RFID 应用系统组成与工作流程

(1) RFID 系统的组成

最简单的 RFID 系统由标签、读写器和天线三部分组成。RFID 系统主要由电子标签、天线、读写器和主机组成。RFID 系统结构图如图 2.62 所示。

① 标签（Tag） 由耦合元件及芯片组成，每个标签具有唯一的电子编码，附着在物体上标识目标对象。

② 读写器（Reader） 读取（有时还可以写入）标签信息的设备，可设计为手持式或固定式。

③ 天线（Antenna） 在标签和读取器间传递射频信号。

④ 主机（PC） 根据应用的要求，对读写器进行控制。

(2) RFID 系统的工作流程

① 读写器通过发射天线发送一定频率的射频信号；
② 当电子标签进入读写器天线的工作区时，电子标签天线产生足够的感应电流，电子标签获得能量被激活；
③ 电子标签将自身信息通过内置天线发送出去；
④ 读写器天线接收到从电子标签发送来的载波信号；
⑤ 读写器天线将载波信号传送到读写器；

⑥ 读写器对接收信号进行解调和解码，然后送到计算机网络进行后续的处理；
⑦ 数据处理系统根据逻辑运算判断该电子标签的合法性；
⑧ 计算机网络针对不同的设定做出相应的处理，发出指令控制执行的动作。

(3) 举例说明

为了形象地说明 RFID 应用系统的结构，可以试着去设计一个简单的基于 RFID 的书店零售管理系统。图 2.62 给出了一个基于 RFID 的书店零售管理系统的结构示意图。

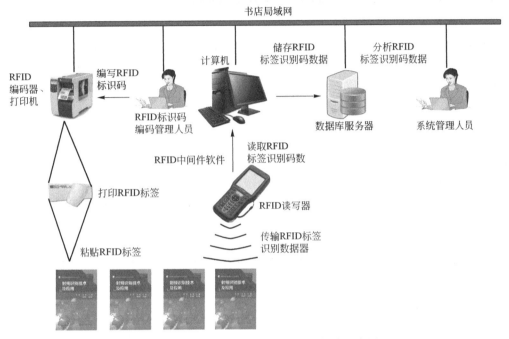

图 2.62　RFID 系统结构与主要组成部分示意图

如果你是图书大厦的总经理，希望在大厦的各层、各类图书的销售、库存、调度与结算环节中使用 RFID 标签技术，那么技术人员要做的第一件事是构建一个覆盖从仓库、零售、收款到管理各个部门的局域网系统。同时需要解决从进书、打印与粘贴 RFID 标签、入库、提货、销售、收款、统计分析、制定进货计划全过程的 RFID 应用技术问题。这样的基于 RFID 的书店零售管理系统应该由 RFID 标签、标签编码器/打印机、读写器、运行 RFID 中间件软件的计算机、数据服务器与系统管理计算机几个部分组成。

由于图书大厦出售的图书是由各个出版社提供的，因此要求各个出版社在书籍装订的过程中就贴上 RFID 标签是不现实的，目前只能够由图书大厦在入库时自己编码、打印与粘贴 RFID 标签。同时，图书大厦销售的不同出版社的各类图书在出版时间上有一定的随机性，销售部门不可能预先打印出各种图书的标签，只能在进货时考虑标签的编码、打印与粘贴，因此图书销售单位选择的 RFID 标签应是价格低廉、存储空间足以标识图书信息的一次性编程只读标签。

基于 RFID 的书店零售管理系统的结构具有一定的普遍性。从图 2.62 中可以看出，基于 RFID 的应用系统是由 RFID 标签编码、RFID 标签打印、RFID 读写器、运行 RFID 中间件的计算机、数据库服务器与数据处理计算机组成。需要注意的是，在图中出现了 4 本相同的书，如果使用条形码，由于它们是一种书，因此 4 本书贴一种条码即可。而在使用 RFID 标签之后，这 4 本书要贴识别码最后一位不同的 4 个标识码。可见，RFID 标签标识的是每一本书，而不是一种书。

在很多应用中，必须对物品进行精细管理。例如，每一种药品（如抗生素"头孢地尼"）都存在着不同厂家、不同批次、不同的生产时间与有效期的问题。条码一般只能表示"A公司的B类产品"，而RFID标签可以表示"A公司于B时间在C地点生产的D类产品的第E件"。显然，只用条码去标识所有的"头孢地尼"存在问题，如果出现医疗事故也无法溯源，而RFID标签可以很好地解决这个问题。

2.4.6 基于RFID技术的ETC系统设计

电子收费系统（Electronic Toll Collection System，ETC）又称不停车收费系统，是利用RFID技术，实现车辆不停车自动收费的智能交通系统，如图2.63。ETC在国外已有较长的发展历史，美国、欧洲等国家和地区的电子收费系统已经局部联网并逐步形成规模效益。我国以IC卡、磁卡为介质，采用人工收费方式为主的公路联网收费方式无疑也受到这一潮流的影响。

在不停车收费系统特别是高速公路自动收费应用上，RFID技术可以充分体现出它的优势，即在让车辆高速通过完成自动收费的同时，还可以解决原来收费成本高、管理混乱以及停车排队引起的交通拥塞等问题。

（1）基于RFID技术的ETC系统

ETC系统广泛采用了现代的高新技术，尤其是电子方面的技术，包括无线电通信、计算机、自动控制等多个领域。与一般半自动收费系统相比较，ETC具有两个主要特征：一是在收费过程中流通的不是传统的纸币现金，而是电子货币；二是实现了公路的不停车收费，即使用ETC系统的车辆只需要按照限速要求直接驶过收费道口，收费过程通过无线通信和机器操作自动完成，不必再像以往一样在收费亭前停靠、付款。ETC系统结构如图2.64所示。

图2.63　ETC

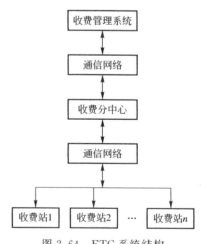

图2.64　ETC系统结构

① 收费管理系统。收费管理系统是整个ETC系统的控制和监视中心。各收费中心的运作都要通过收费管理系统来完成。它提供以下几个功能：

a. 汇集各个路桥自动收费系统的收费信息；

b. 监控所有收费站系统的运行状态；

c. 管理所有标识卡和用户详细资料，并详细记录车辆通行情况，管理和维护电子标签的账户信息；

d. 提供各种统计分析报表及图表；

  e. 收费管理中心可通过网络连接各收费站以进行数据交换及管理（也可采用脱机方式，通过便携机或权限卡交换数据）；

  f. 查询缴费情况、入账情况、各路段的车流量等情况；

  g. 执行收费结算，形成电子标签用户和业主的转账数据。

  ② 收费分中心。收费分中心的主要功能如下：

  a. 接收和下载收费管理系统运行参数（费率表、黑名单、同步时钟、车型分类标准及系统设置参数等）；

  b. 采集辖区内各收费站上传的收费数据；

  c. 对数据进行汇总、归档、存储，并打印各种统计报表；

  d. 上传数据和资料给收费管理系统；

  e. 票证发放、统计和管理；

  f. 抓拍图像的管理；

  g. 收费系统中操作、维修人员权限的管理；

  h. 数据库、系统维护、网络管理等；

  ③ 通信网络。通信网络负责在收费系统与运行系统之间、在各站口的收费系统之间传输数据，包括以下两种。

  a. 收费站与收费中心之间的通信。出于对安全的考虑，收费站与收费中心之间采用TCP/IP 协议进行文件传输。

  b. 收费站数据库服务器与各车道控制系统之间的数据通信。该模块与车道控制系统的通信模块是对等的，提供的主要功能为：更新数据，当接收完上级系统下传的更新数据并写入数据库后，向各车道控制机发送更新后的数据；接收数据，实时接收车道上传的原始过车记录和违章车辆信息；发送控制指令，当接收到车道监控系统发来的车道控制指令后，将该指令实时地转发到对应的车道控制机中。

  ④ 收费站。收费站采用智能型远距离非接触收费机，当车辆驶抵收费站时，利用车辆上配备的电子标签，通过"刷卡"，收费站的收费机将数据写入卡片并上传给收费站的微机，可使唯一车辆收到信号，车辆在驶至下个收费站时，刷卡后，经过卡片和收费机的三次相互认证，并将电子标签上的相关信息发给收费站的收费机。经收费机无线接收系统核对无误后完成一次自动收费，并开启绿灯或其他放行信号，控制道闸抬杆，指示车辆正常通过。如收不到信号或核对该车辆通行合法性有误，则维持红灯或其他停车信号，指示该车辆属于非正常通行车辆，同时安装的高速摄像系统能将车辆的有关信息数据快速记录下来并通知管理人员进行处理。车主的开户、记账、结账和查询（利用互联网或电话网），可利用计算机网络进行账务处理，通过银行实现本地或异地的交费结算。收费计算机系统包括一个可记录存储多达 20 万部车辆的数据库，可以根据收费接收机送来的识别码、入口码等进行检索、运算与记账，并可将运算结果送到执行机构。执行机构包括可显示车牌号、应交款数、余款数等。

  (2) 基于 RFID 技术的 ETC 系统的硬件设计

  ETC 的工作流程为：当有车进入自动收费车道，并驶过在车道的入口处设置的地感线圈时，地感线圈就会产生感应而生成一个脉冲信号，由这个脉冲信号启动射频识别系统。由读写器的控制单元控制天线，搜寻是否有电子标签进入读写器的有效读写、拖围。如果有则向电子标签发送读指令，读取电子标签内的数据信息，送给计算机，由计算机处理完后再由车道后面的读写器写入电子标签，打开栏杆放行，并在车道旁的显示屏上显示此车的收费信息，这样就完成了一次自动收费（参阅图 2.65）。如果没找到有效的标签，则发出报警，放下栏杆阻止恶意闯关，迫使其进入旁边预设的人工收费通道。

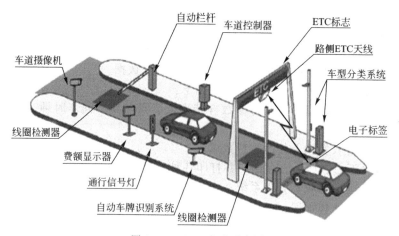

图 2.65 ETC 车道示意图

从 ETC 的工作流程分析可知，一个较为完整的 ETC 车道所需的各个组成部分，据此可设计如图 2.66 所示的 ETC 车道自动收费系统框图。嵌入式系统主要完成总体控制，MSP430 单片机则主要负责车辆缴费信息的显示，二者互为冗余且都可控制整个系统，一旦一方出现异常，另一方即可发出报警信息，在故障排除前代其行使职责，以保证 ETC 车道的正常工作。

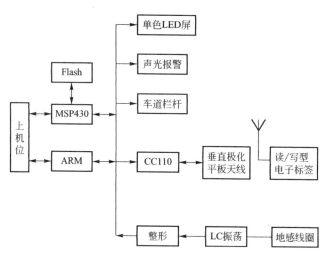

图 2.66 ETC 车道自动收费系统框图

各部分的硬件选择及设计的具体说明如下。

① 车辆检测器的设计。事辆检测器是高速公路交通管理与控制的主要组成部分之一，是交通信息的采集设备。它通过数据采集和设备监控等方式，在道路上实时地检测交通量、车辆速度、车流密度和时空占有率等各种交通参数，这些都是智能交通系统中必不可少的参数。检测器检测到的数据，通过通信网络传送到本地控制器中或直接上传至监控中心计算机中，作为监控中心分析、判断、发出信息和提出控制方案的主要依据。它在自动收费系统中除了采集交通信息外，还扮演着 ETC 系统开关的角色。

使用车辆检测器作为 ETC 系统的启动开关，当道路检测器检测到有车辆进入时，就发送一个电信号给 RFID 读写器的主控 CPU，由主控 CPU 启动整个射频识别系统，对来车进行识别，并完成自动收费。

目前，常用的车辆检测器种类很多，有电磁感应检测器、波频车辆检测器、视频检测器等，具体的有环形线圈（地感线圈）检测器、磁阻检测器、微波检测器、超声波检测器、红外检测器等。其中，地感线圈检测器和超声波检测器都可做到高精度检测，并且受环境以及天气的影响较少，更适用于 ETC 系统。但是，超声波检测器必须放置在车道的顶部，而 ETC 中最关键的射频识别读写器天线也需要放置在车道比较靠上的位置，二者就有可能会互相影响，且超声波检测器价格更高，故其性价比要稍逊于地感线圈。更重要的是，地感线圈的技术更加成熟。

地感线圈的原理结构如图 2.67 所示，其工作原理是，埋设在路面下使环形线圈电感量随之降低，当有车经过时会引起电路谐振频率的上升，只要检测到此频率随时间变化的信号，就可检测出是否有车辆通过。环形线圈的尺寸可随需要而定，每车道埋设一个，计数精度可达到 ±2%。

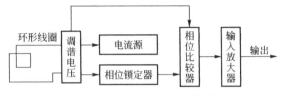

图 2.67 地感线圈的原理结构

② 双核冗余控制设计。考虑到不停车电子收费系统需要常年在室外环境下工作，会受到各种恶劣天气的影响以及各种污染的侵蚀，对其核心控件采取冗余设计以保证系统的正常工作，即采用了双核控制的策略——嵌入式系统和单片机的冗余控制。这一策略的具体内容是，平时二者都处于工作状态，各司其职，嵌入式系统负责总体控制，单片机负责大屏幕显示，相互通信时都先检查对方的工作状态，一旦某一个 CPU 状态异常，另一个就立即启动设备异常报警，并暂时接管其工作以保证整个系统的正常工作，直到故障排除恢复正常状态。之所以选择嵌入式系统和 MSP430 单片机，是因为嵌入式系统的实时性、稳定性更好，功能更加强大，有利于产品的更新换代。而 MSP430 单片机则以超低功耗、超强功能的低成本微型化的 16 位单片机著称，这有利于降低系统功耗、提高系统寿命，其众多的 I/O 接口也可为日后的系统升级提供足够的空间。

这种冗余设计的实现主要是通过两套控制系统完成的，即嵌入式系统和 MSP430 单片机都各有一套控制板，都可与射频收发芯片进行信息交换，都可采集地感线圈的脉冲信号，都可控制栏杆、红绿灯、声光报警、显示屏等车道设备。嵌入式系统和 MSP430 单片机之间采用 RS-485 通信，每次通信时都先检测对方的工作状态，如果出现异常则紧急启动本控制系统中的备用控制程序。

③ 电子标签与读写器。电子标签与读写器的核心收发模块可采用 CC1100，有关内容可以查看相关资料。

2.5 生物识别技术

人的身份识别在现代社会变得越来越重要。开门不再用叮叮当当的钥匙串，银行取钱也不必输入那些"安全"的密码，走遍全球更不用带着一堆总怕丢失的卡；你的手就是钥匙、你的脸就是密码、你这个人就是地球村公民的身份证。这就是生物识别，21 世纪人类将拥有真正属于自己的身份证。生物识别技术将彻底解决我们社会中任何有关身份识别的难题，在公安、国防、金融、保险、医疗卫生、计算机网络等各个领域中都有广阔的应用前景，可靠、方便快捷是其最吸引人的地方。每个人都有自身固有的生物特征，人体生物特征具有"人人不同、终身不变、随身携带"的特点。由于人体特征只有人体所固有的不可复制的唯一性，这一生物密钥无法复制、失窃或被遗忘。生物识别技术就是利用生物特征或行为特征对个人进行身份识别,利用生物识别技术进行身份认定,安全、可靠、准确。

2.5.1 生物识别技术概述

在日常生活中,往往会出现这样一些情况:钥匙丢了,进不了门;密码忘了,无法在ATM机上取钱;电脑中的重要资料被他人非法复制了;手机被他人盗用,还打了国际长途……,这些都给我们造成了很大的麻烦,甚至巨大损失,以上这一切都与身份识别有关。目前,身份识别所采用的方法主要有:根据人们所持有的物品如钥匙、证件、卡等;或人们所知道的内容如密码和口令等来确定其身份。但两者都存在着一些缺陷,物品可能丢失和复制,内容容易遗忘和泄露,使其难以保证身份确认的方便性、结果的唯一性和可靠性。因此,我们急需一种更加方便、有效、安全的身份识别技术来保障我们的生活,这种技术就是生物识别技术——我们自己的人体就是最安全、最有效的密码和钥匙。

提起生物识别技术,人们或许感到陌生,但如果说到指纹识别或者是虹膜识别,就不免会想到侦探电影中破案人员依靠现场指纹进行罪犯确认、用指纹代替密码开启保险箱,依靠眼睛对着一个小摄像机来取代钥匙开门等。这就是被比尔·盖茨称之为21世纪最重要的应用技术之一的生物识别技术,它正在步入我们的生活中。

(1) 什么是生物识别

生物识别是依靠人体的身体特征来进行身份验证的一种解决方案。这些身体特征包括指纹、声音、面部、骨架、视网膜、虹膜和DNA等人体的生物特征,以及签名的动作、行走的步态、击打键盘的力度等个人的行为特征。生物识别的技术核心在于如何获取这些生物特征,并将其转换为数字信息,存储于计算机中,利用可靠的匹配算法来完成验证与识别个人身份的过程。

(2) 生物识别的特点

生物识别之所以能够作为个人身份鉴别的有效手段,是由它自身的特点所决定的:普遍性、唯一性、稳定性、不可复制性。

① 普遍性 生物识别所依赖的身体特征基本上是人人天生就有的,用不着向有关部门申请或制作。

② 唯一性和稳定性 经研究和经验表明,每个人的指纹、掌纹、面部、发音、虹膜、视网膜、骨架等都与别人不同,且终生不变。

③ 不可复制性 随着计算机技术的发展,复制钥匙、密码卡以及盗取密码、口令等都变得越发容易,然而要复制人的活体指纹、掌纹、面部、虹膜等生物特征就困难得多。

这些技术特性使得生物识别身份验证方法,不依赖各种人造的和附加的物品来证明人的自身,而用来证明自身的恰恰是人本身,所以,它不会丢失、不会遗忘,很难伪造和假冒,是一种"只认人、不认物",方便安全的保安手段。

2.5.2 指纹识别技术

指纹是指人的手指末端正面皮肤上凸凹不平产生的纹线。纹线有规律的排列形成不同的纹型。纹线的起点、终点、结合点和分叉点,称为指纹的细节特征点。指纹识别即指通过比较不同指纹的细节特征点来进行鉴别。由于每个人的指纹不同,就是同一个人的十指之间,指纹也有明显区别,因此指纹可用于身份鉴定。

指纹识别技术涉及图像处理、模式识别、机器学习、计算机视觉、数学形态学、小波分析等众多学科,是目前最成熟且价格便宜的生物特征识别技术。由于每次捺印的方位不完全一样,着力点不同会带来不同程度的变形,又存在大量模糊指纹,如何正确提取特征和实现正确匹配,是指纹识别技术的关键。指纹识别原理如图2.68所示。

指纹识别包括指纹图像获取、处理、特征提取和比对等模块。

① 指纹图像获取。通过专门的指纹采集仪可以采集活体指纹图像。目前，指纹采集仪主要有活体光学式、电容式和压感式。对于分辨率和采集面积等技术指标，公安行业已经形成了国际和国内标准，但其他行业还缺少统一标准。根据采集指纹面积大体可以分为滚动捺印指纹和平面捺印指纹，公安行业普遍采用滚动捺印指纹。另外，也可以通过扫描仪、数字相机等获取指纹图像。

② 指纹图像压缩。大容量的指纹数据库必须经过压缩后存储，以减少存储空间，主要方法包括JPEG、WSQ、EZW等。

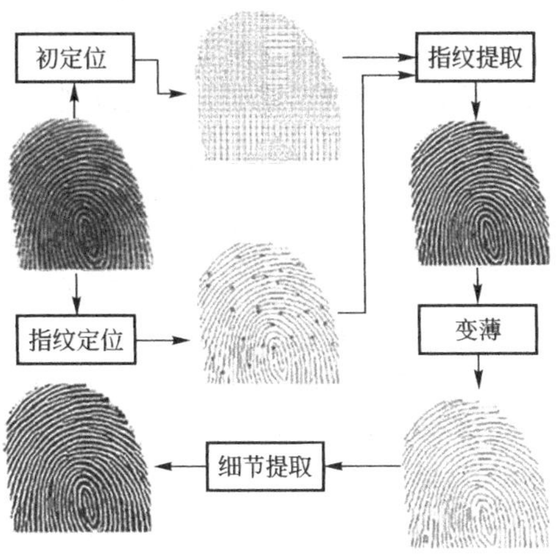

图 2.68 指纹识别原理

③ 指纹图像处理。包括指纹 K 域检测、图像质量判断、方向图和频率估计、图像增强、指纹图像二值化和细化等。

④ 指纹分类。纹型是指纹的基本分类，是按中心花纹和三角的基本形态划分的。纹形从属于型，以中心线的形状定名。我国的指纹分析法将指纹分为三大类型，9 种形态。一般地，指纹自动识别系统将指纹分为弓形纹（弧形纹、帐形纹）、箕形纹（左箕、右箕）、斗形纹和杂形纹等。

⑤ 指纹形态和细节特征提取。指纹形态特征包括中心（上、下）和三角点（左、右）等，指纹的细节特征点主要包括纹线的起点、终点、结合点和分叉点。

⑥ 指纹比对。可以根据指纹的纹形进行粗匹配，进而利用指纹形态和细节特征进行精确匹配，给出两枚指纹的相似性得分。根据应用的不同，对指纹的相似性得分进行排序或给出是否为同一指纹的判决结果。

2.5.3 声纹识别技术

近年来，在生物识别技术领域中，声纹识别技术以其独特的方便性、经济性和准确性等优势受到世人瞩目，并日益成为人们日常生活和工作中重要且普及的安全验证方式。

声纹识别属于生物识别技术的一种，是一项根据语音波形中反映说话人生理和行为特征的语音参数，自动识别说话人身份的技术。与语音识别不同的是，声纹识别利用的是语音信号中的说话人信息，而不考虑语音中的字词意思，它强调说话人的个性；而语音识别的目的是识别出语音信号中的言语内容，并不考虑说话人是谁，它强调共性。声纹识别系统主要包括两部分，即特征检测和模式匹配。特征检测的任务是选取唯一表现说话人身份的有效且稳定可靠的特征，模式匹配的任务是对训练和识别时的特征模式做相似性匹配。

（1）特征提取

声纹识别系统中的特征检测即提取语音信号中表征人的基本特征，此特征应能有效地区分不同的说话人，且对同一说话人的变化保持相对稳定。考虑到特征的可量化性、训练样本的数量和系统性能的评价问题，目前的声纹识别系统主要依靠较低层次的声学特征进行识别。说话人特征大体可归为下述几类。

① 谱包络参数语音信息通过滤波器组输出，以合适的速率对滤波器输出抽样，并将它们作为声纹识别特征。

② 基音轮廓、共振峰频率带宽及其轨迹。这类特征是基于发声器官，如声门、声道和鼻腔的生理结构而提取的参数。

③ 线性预测系数使用线性预测系数是语音信号处理中的一次飞跃，以线性预测导出的各种参数，如线性预测系数、自相关系数、反射系数、对数面积比、线性预测残差及其组合等参数，作为识别特征，可以得到较好的效果。主要原因是线性预测与声道参数模型是相符合的。

④ 反映听觉特性的参数模拟人耳对声音频率感知的特性而提出了多种参数，如美倒谱系数、感知线性预测等。

此外，人们还通过对不同特征参量的组合来提高实际系统的性能，当各组合参量间相关性不大时，会有较好的效果，因为它们分别反映了语音信号的不同特征。

(2) 模式匹配

目前针对各种特征而提出的模式匹配方法的研究越来越深入。这些方法大体可归为下述几类。

① 概率统计方法。语音中说话人信息在短时内较为平稳，通过对稳态特征如基音、声门增益、低阶反射系数的统计分析，可以利用均值、方差等统计量和概率密度函数进行分类判决。其优点是不用对特征参量在时域上进行规整，比较适合文本无关的说话人识别。

② 动态时间规整方法。说话人信息不仅有稳定因素（发声器官的结构和发声习惯），而且有时变因素（语速、语调、重音和韵律）。将识别模板与参考模板进行时间对比，按照某种距离测定得出两模板间的相似程度。常用的方法是基于最近邻原则的动态时间规整 DTW。

③ 矢量量化方法。矢量量化最早是基于聚类分析的数据压缩编码技术。Helms 首次将其用于声纹识别，把每个人的特定文本编成码本，识别时将测试文本按此码本进行编码，以量化产生的失真度作为判决标准。Bell 实验室的 Rosenberg 和 Soong 用 VQ 进行了孤立数字文本的声纹识别研究。这种方法的识别精度较高，且判断速度快。

④ 隐马尔可夫模型方法。隐马尔可夫模型是一种基于转移概率和传输概率的随机模型，最早在 CMU 和 IBM 被用于语音识别。它把语音看成由可观察到的符号序列组成的随机过程，符号序列则是发声系统状态序列的输出。在使用 HMM 识别时，为每个说话人建立发声模型，通过训练得到状态转移概率矩阵和符号输出概率矩阵。识别时计算未知语音在状态转移过程中的最大概率，根据最大概率对应的模型进行判决。HMM 不需要时间规整，可节约判决时的计算时间和存储量，在目前被广泛应用。缺点是训练时计算量较大。

⑤ 人工神经网络方法。人工神经网络在某种程度上模拟了生物的感知特性，它是一种分布式并行处理结构的网络模型，具有自组织和自学习能力、很强的复杂分类边界区分能力以及对不完全信息的鲁棒性，其性能近似理想的分类器。其缺点是训练时间长，动态时间规整能力弱，网络规模随说话人数目增加时可能大到难以训练的程度。

把以上分类方法与不同特征进行有机组合可显著提高声纹识别的性能，如 NTT 实验室的 T. Matsui 和 S. Furui 使用倒谱、差分倒谱、基音和差分基音，采用 VQ 与 HMM 混合的方法得到 99.3% 的说话人确认率。

对于说话人确认系统，表征其性能的最重要的两个参数是错误拒绝率和错误接受率。前者是拒绝真实的说话人而造成的错误，后者是接受假冒者而造成的错误，二者与阈值的设定相关。说话人确认系统的错误率与用户数目无关，而说话人辨认系统的性能与用户数目有关，并随着用户数目的增加，系统的性能会不断下降。

总的说来，一个成功的说话人识别系统应该做到以下几点：

• 能够有效地区分不同的说话人，但又能在同一说话人语音发生变化时保持相对的稳定，如感冒等情况；

• 不易被他人模仿或能够较好地解决被他人模仿问题；

- 在声学环境变化时能够保持一定的稳定性,即抗噪声性能要好。

(3) 声纹识别应用前景

与其他生物识别技术,诸如指纹识别、掌形识别、虹膜识别等相比较,声纹识别除具有不会遗失和忘记、不需记忆、使用方便等优点外,还具有以下特性:

① 用户接受程度高,由于不涉及隐私问题,用户无任何心理障碍;

② 利用语音进行身份识别可能是最自然和最经济的方法之一。声音输入设备造价低廉,甚至无费用(电话),而其他生物识别技术的输入设备往往造价昂贵;

③ 在基于电信网络的身份识别应用中,如电话银行、电话炒股、电子购物等,与其他生物识别技术相比,声纹识别更为擅长,得天独厚;

④ 由于与其他生物识别技术相比,声纹识别具有更为简便、准确、经济及可扩展性良好等众多优势,可广泛应用于安全验证、控制等各方面,特别是基于电信网络的身份识别。

2.5.4 面部识别技术

面部识别(Human Face Recognition)特指利用分析比较面部视觉特征信息进行身份鉴别的计算机技术。面部识别是一个热门的计算机技术研究领域,可以将面部明暗侦测,自动调整动态曝光补偿,面部追踪侦测,自动调整影像放大;它属于生物特征识别技术,是根据生物体(一般特指人)本身的生物特征来区分生物体个体。面部识别过程如图 2.69 所示,具体识别示例如图 2.70 所示。

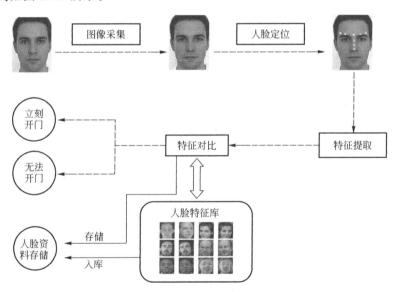

图 2.69 面部识别过程

图 2.70 面部识别系统界面

广义的面部识别实际包括构建面部识别系统的一系列相关技术，包括面部图像采集、面部定位、面部识别预处理、身份确认以及身份查找等；而狭义的面部识别特指通过面部进行身份确认或者身份查找的技术或系统。

面部的识别过程一般分三步。

步骤一　建立面部的面相档案。即用摄像机采集单位人员的面部的面相文件或取他们的照片形成面相文件，并将这些面部文件生成面纹（Faceprint）编码存储起来。

步骤二　获取当前的人体面相，即用摄像机捕捉当前出入人员的面相，或取照片输入，并将当前的面相文件生成面纹编码。

步骤三　用当前的面纹编码与档案库存的比对。即将当前的面相的面纹编码与档案库存中的面纹编码进行比对。上述的"面纹编码"方式是根据面部脸部的本质特征和开头来工作的。这种曲纹编码可以抵抗光线、皮肤色调、面部毛发、发型、眼镜、友情和姿态的变化，具有极大的可靠性，从而使它可以从百万人中精确地辨认出某个人。面部的识别过程，利用普通的图像处理设备就能自动、连续、实时地完成。

人脸识别技术包含人脸检测、人脸跟踪和人脸对比三个部分。

（1）人脸检测

面貌检测是指在动态的场景与复杂的背景中判断是否存在面像，并分离出这种面像。一般有下列几种方法。

① 参考模板法　首先设计一个或数个标准人脸的模板，然后计算测试采集的样品与标准模板之间的匹配程度，并通过阈值来判断是否存在人脸。

② 人脸规则法　由于人脸具有一定的结构分布特征，所谓人脸规则的方法，即提取这些特征生成相应的规则，以判断测试样品是否包含人脸。

③ 样品学习法　这种方法即采用模式识别中人工神经网络的方法，即通过对面像样品集和非面像样品集的学习产生分类器。

④ 肤色模型法　这种方法是依据面貌肤色在色彩空间中分布相对集中的规律来进行检测。

⑤ 特征子脸法　这种方法是将所有面像集合视为一个面像子空间，并基于检测样品与其在子孔间的投影之间的距离判断是否存在面像。

值得提出的是，上述 5 种方法在实际检测系统中可以综合采用。

（2）人脸跟踪

面貌跟踪是指对被检测到的面貌进行动态目标跟踪。具体采用基于模型的方法或基于运动与模型相结合的方法。此外，利用肤色模型跟踪也不失为一种简单而有效的手段。

（3）人脸比对

面貌比对是对被检测到的面貌像进行身份确认或在面像库中进行目标搜索。这实际上就是说，将采样到的面像与库存的面像依次进行比对，并找出最佳的匹配对象。所以，面像的描述决定了面像识别的具体方法与性能。目前主要采用特征向量与面纹模板两种描述方法。

① 特征向量法　该方法是先确定眼虹膜、鼻翼、嘴角等面像五官轮廓的大小、位置、距离等属性，然后再计算出它们的几何特征量，而这些特征量形成描述该面像的特征向量。

② 面纹模板法　该方法是在库中存储若干标准面像模板或面像器官模板，在进行比对时，将采样面像所有像素与库中所有模板采用归一化相关量度量进行匹配。此外，还有采用模式识别的自相关网络或特征与模板相结合的方法。人体面貌识别技术的核心实际为"局部人体特征分析"和"图形/神经识别算法。"这种算法是利用人体面部各器官及特征部位的方法。如对应几何关系多数据形成识别参数与数据库中所有的原始参数进行比较、判断与确认。一般要求判断时间低于 1s。

2.5.5 静脉识别技术

(1) 什么是静脉识别

静脉识别,是生物识别技术的一种。静脉识别系统一种方式是通过静脉识别仪取得个人静脉分布图,依据专用比对算法从静脉分布图提取特征值;另一种方式通过红外线CCD摄像头获取手指、手掌、手背静脉的图像,将静脉的数字图像存储在计算机系统中,实现特征值存储。静脉比对时,实时采取静脉图,运用先进的滤波、图像二值化、细化手段对数字图像提取特征,采用复杂的匹配算法同存储在主机中静脉特征值比对匹配,从而对个人进行身份鉴定,确认身份。

安防管理系统的原理是根据血液中的血红素有吸收红外线光的特质静脉识别,将具近红外线感应度的小型照相机对着手指进行摄影,即可将照着血管的阴影处摄出图像来。将血管图样进行数字处理,制成血管图样影像。静脉识别系统就是首先通过静脉识别仪取得个人静脉分布图,从静脉分布图依据专用比对算法提取特征值,通过红外线CCD摄像头获取手指、手掌、手背静脉的图像,将静脉的数字图像存储在计算机系统中,将特征值存储。静脉比对时,实时采取静脉图,提取特征值,运用先进的滤波、图像二值化、细化手段对数字图像提取特征,同存储在主机中静脉特征值比对,采用复杂的匹配算法对静脉特征进行匹配,从而对个人进行身份鉴定,确认身份。全过程采用非接触式。如图2.71所示。

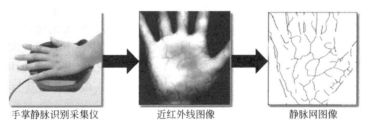

图 2.71 手掌静脉识别

(2) 静脉识别的技术特征

静脉识别采集设备如图2.72所示,同其他生物识别技术相比,指静脉认证技术具备以下主要优势:

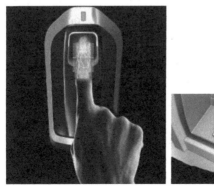

图 2.72 静脉识别采集设备

- 生物识别技术,不会遗失、不会被窃、无记忆密码负担;
- 人体内部信息,不受表皮粗糙、外部环境(温度、湿度)的影响;
- 适用人群广,准确率高,不可复制、不可伪造,安全便捷。

静脉识别是通过指静脉识别仪取得个人手指静脉分布图,将特征值存储。比对时,实时采取静脉图,提取特征值进行匹配,从而对个人进行身份鉴定。该技术克服了传统指纹识别速度慢,手指有污渍或手指皮肤脱落时无法识别等缺点,提高了识别效率。

静脉识别分为指静脉识别和掌静脉识别。掌静脉由于保存及对比的静脉图像较多,识别速度方面较慢。指静脉识别,由于其容量大,识别速度快,但是两者都具备精确度高,活体识别等优势,在门禁安防方面各有千秋。总之,指静脉识别反应速度快,掌静脉安全系数更高。

(3) 手指静脉识别技术优势

手指静脉技术具有多项重要特点,使它在高度安全性和使用便捷性上远胜于其他生物识别技术。主要体现在以下几个方面:

① 高度防伪　静脉隐藏在身体内部,被复制或盗用的概率很小;

② 简易便用　使用者心理抗拒性低,受生理和环境影响的因素也低,包括干燥皮肤、油污、灰尘等污染、皮肤表面异常等;

③ 高度准确　认假率为 0.0001%,拒真率为 0.01%,注册失败率为 0%;

④ 快速识别　原始手指静脉影像被捕获并数字化处理,图像比对由专有的手指静脉提取设备完成,整个过程不到 1 秒。

(4) 手掌静脉识别技术优势

掌静脉利用人体血红蛋白通过静脉时能吸收近红外光的特性,采集手掌皮肤底下的静脉影像,并提取之以作为生物特征。跟其他如指纹、眼虹膜或手形等生物识别技术相比,手掌静脉极难复制伪造,最大原因是这种生物特征,是在手掌皮肤底下,单凭肉眼看不见的。此外,由于手掌静脉使用方式是非接触式,它更加卫生,适合在公共场合使用。同时,适用手掌也较为自然,让用户更容易接受。手掌静脉的认假率和拒真率也比其他生物识别技术来得低。

2.5.6　虹膜识别技术

(1) 虹膜识别技术的发展历史

用虹膜进行身份识别的设想最早出现于 19 世纪 80 年代,但直到最近 20 多年,虹膜识别技术才有了飞跃的发展。

1885 年在巴黎的监狱中曾利用虹膜的结构和颜色区分同一监狱中的不同犯人,这是最早利用虹膜进行的身份识别。1987 年,眼科专家 AranSafir 和 LeonardFlorm 首次提出了利用虹膜图像进行自动身份识别的概念,真正的自动虹膜识别系统则是在 20 世纪末才出现的。虹膜表面有许多条纹、沟和小坑,是虹膜含有的极其丰富的纹理信息和结构信息。人们在出生前的随机生长过程造成了各自虹膜组织结构的细微差别。发育生物学家通过大量观察发现,当虹膜发育完全以后,它在人的一生中是稳定不变的,因而具有稳定性。1991 年在美国洛斯阿拉莫斯国家实验室内,Johnson 实现了文献记载得最早的虹膜识别应用系统。1993年,Daugman 率先研制出基于 Gabor 变换的虹膜识别算法,利用 Gabor 滤波器对虹膜纹理进行一种简单的粗量化和编码,实现了一个高性能、实用的虹膜识别系统,使虹膜识别技术有了突破性进展。1994 年 Wildes 研制出基于图像注册技术的虹膜认证系统,通过拉普拉斯金字塔将虹膜区域图像分解为 4 个水平,根据图像的相关性进行匹配度计算,该方法主要用来认证。1997 年 Boles 等人提出了基于小波变换过零检测的虹膜识别算法,克服以往系统受漂移、旋转和比例缩放带来的局限,而且对亮度和噪声不敏感,取得了较好的结果。Lim 等人用二维小波变换实现了虹膜的编码,减少了特征维数,提高了分类识别效果,提出了采用 87 位表示的虹膜特征,获得了较高的识别率。2000 年中国科学院自动化所开发出了虹膜识别的核心算法，是国内进行虹膜识别研究工作进展最快的，提出了多通道 Gabor 滤波器提取虹膜特征的方法。近年来国内的一些高校也在这方面取得了可喜的研究成果。图 2.73 所示是虹膜识别技术应用设备。

（2）什么是虹膜

人眼的外观由巩膜、虹膜、瞳孔三部分构成，如图 2.74 所示。巩膜即眼球外围的白色部分，眼睛中心为瞳孔部分，虹膜位于巩膜和瞳孔之间，包含了最丰富的纹理信息。外观上看，虹膜由许多腺窝、皱褶、色素斑等构成，是人体中最独特的结构之一。

图 2.73　虹膜识别技术应用设备

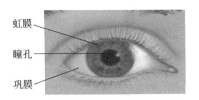

图 2.74　眼球结构

虹膜作为身份标识具有许多先天优势。

① 唯一性。由于虹膜图像存在着许多随机分布的细节特征，造就了虹膜模式的唯一性。英国剑桥大学 John Daugman 教授提出的虹膜相位特征，证实了虹膜图像有 244 个独立的自由度，即平均每平方毫米的信息量是 3.2bit。实际上用模式识别方法提取图像特征是有损压缩过程，可以预测虹膜纹理的信息容量远大于此。并且虹膜细节特征主要是由胚胎发育环境的随机因素决定的，即使克隆人、双胞胎、同一人左右眼的虹膜图像之间也具有显著差异。虹膜的唯一性为高精度的身份识别奠定了基础。英国国家物理实验室的测试结果表明：虹膜识别是各种生物特征识别方法中错误率最低的。

② 稳定性。虹膜从婴儿胚胎期的第 3 个月起开始发育，到第 8 个月虹膜的主要纹理结构已经成形。除非经历危及眼睛的外科手术，此后几乎终生不变。由于角膜的保护作用，发育完全的虹膜不易受到外界的伤害。

③ 非接触。虹膜是一个外部可见的内部器官，不必紧贴采集装置就能获取合格的虹膜图像，识别方式相对于指纹、手形等需要接触感知的生物特征更加干净卫生，不会污损成像装置，影响其他人的识别。

④ 便于信号处理。在眼睛图像中和虹膜邻近的区域是瞳孔和巩膜，它们和虹膜区域存在着明显的灰度阶变，并且区域边界都接近圆形，所以虹膜区域易于拟合分割和归一化。虹膜结构有利于实现一种具有平移、缩放和旋转不变性的模式表达方式。

⑤ 防伪性好。虹膜的半径小，在可见光下中国人的虹膜图像呈现深褐色，看不到纹理信息，具有清晰虹膜纹理的图像获取，需要专用的虹膜图像采集装置和用户的配合，所以在一般情况下很难盗取他人的虹膜图像。此外眼睛具有很多光学和生理特性可用于活体虹膜检测。

（3）虹膜识别过程

虹膜识别通过对比虹膜图像特征之间的相似性来确定人们的身份，其核心是使用模式识别、图像处理等方法对人眼睛的虹膜特征进行描述和匹配，从而实现自动的个人身份认证，虹膜识别过程如图 2.75 所示。

虹膜识别技术的过程一般来说分为虹膜图像获取、图像预处理、特征提取和特征匹配四个步骤。

① 虹膜图像获取。虹膜图像获取是指使用特定的数字摄像器材对人的整个眼部进行拍摄，并将拍摄到的图像通过图像采集卡传输到计算机中存储。

虹膜图像的获取是虹膜识别中的第一步，同时也是比较困难的步骤，需要光、机、电技术的综合应用。因为人们眼睛的面积小，如果要满足识别算法的图像分辨率要求，就必须提高光学系统的放大倍数，从而导致虹膜成像的景深较小，所以现有的虹膜识别系统需要用户停在合适位置，同时眼睛凝视镜头。另外东方人的虹膜颜色较深，用普通的摄像头无法采集到可识别的虹膜图像。不同于脸像、步态等生物特征的图像获取，虹膜图像的获取需要设计合理的光学系统，配置必要的光源和电子控制单元。

由于虹膜图像获取装置自主研发的技术门槛高，限制了国内虹膜识别研究的开展。中国科学院自动化研究所在 1999 年研制出国内第一套自主知识产权的虹膜图像采集系统，其特点是小巧、灵活、低成本、图像清晰。经过不断地更新换代，自动化所最新开发的虹膜成像仪，已经可以在 20～30cm 距离范围通过语音提示、主动视觉反馈等技术，采集到合格的虹膜图像。

② 图像预处理。图像预处理是指由于拍摄到的眼部图像包括了很多多余的信息，并且在清晰度等方面不能满足要求，需要对其进行包括图像平滑、边缘检测、图像分离等预处理操作。虹膜图像预处理过程通常包括虹膜定位、虹膜图像归一化、图像增强 3 个部分。

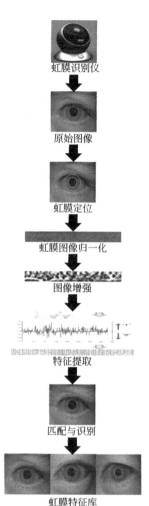

图 2.75　虹膜识别过程

a. 虹膜定位　一般认为，虹膜的内外边界可以近似地用圆来拟合。内圆表示虹膜与瞳孔的边界，外圆表示虹膜与巩膜的边界，但是这两个圆并不是同心圆。通常，虹膜靠近上下眼皮的部分总会被眼皮所遮挡，因此还必须检测出虹膜与上下眼皮的边界，从而准确地确定虹膜的有效区域。虹膜与上下眼皮的边界可用二次曲线来表示。虹膜定位的目的就是确定这些圆以及二次曲线在图像中的位置。

b. 虹膜图像归一化　虹膜图像归一化的目的是将虹膜的大小调整到固定的尺寸。到目前为止，虹膜纹理随光照变化的精确数学模型还没有得到。因此，从事虹膜识别的研究者主要采用映射的方法对虹膜图像进行归一化。如果能够对虹膜纹理随光照强度变化的过程建立数学模型或者近似模拟这个过程，将会对虹膜识别系统性能的提高有很大帮助。

c. 图像增强　图像增强的目的是为了解决由于人眼图像光照不均匀造成归一化后图像对比度低的问题。为了提高识别率，需要对归一化后的图像进行图像增强。

③ 特征提取。特征提取是指通过一定的算法从分离出的虹膜图像中提取出特征点，并对其进行编码。

④ 特征匹配。特征匹配是指根据当前采集的虹膜图像进行特征提取得到的特征编码与数据库中事先存储的虹膜图像特征编码进行比对、验证，从而达到识别的目的。

第 3 章
网络构建层与通信技术

3.1 无线传感器网络概述

3.1.1 无线传感器网络概念与体系结构

无线传感器网络（Wireless Sensor Networks，WSN）就是由大量的密集部署在监控区域的智能传感器节点构成的一种网络应用系统。由于传感器节点数量众多，部署时只能采用随机投放的方式，传感器节点的位置不能预先确定。

一个典型的无线传感器网络的系统架构（图 3.1），包括分布式无线传感器节点（群）、接收发送器汇聚节点、互联网或通信卫星和任务管理节点等。大量传感器节点随机部署在监测区域内部或附近，能够通过自组织方式构成网络。传感器节点监测的数据沿着其他传感器节点逐跳地进行传输，在传输过程中监测数据可能被多个节点处理，经过多跳后路由到汇聚节点，最后通过互联网或卫星到达任务管理节点。传感器节点通常是一个微型嵌入式系统，它的处理能力、存储能力和通信能力相对较弱，通过携带能量有限的电池供电。

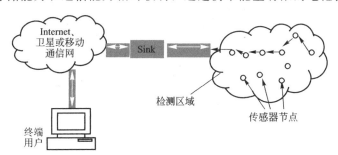

图 3.1 无线传感器网络的系统架构

在无线传感器网络的工作过程中，大量传感器节点随机部署在监测区域内部或附近，能够通过自组织的方式构成网络。传感器节点监测的数据沿着其他传感器节点逐跳进行传输，在传输过程中监测数据可能被多个节点处理，经过多跳后路由到汇聚节点，最后通过互联网或卫星到达管理节点。用户通过管理节点对传感器网络进行配置和管理，发布监测任务以及收集监测数据。

传感器节点由传感器模块、处理器模块、无线通信模块和能量供应模块四部分组成，如图3.2所示。

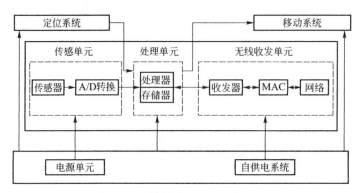

图3.2　无线传感器网络节点结构

传感器模块负责监测区域内信息的采集和数据转换；处理器模块负责控制整个传感器节点的操作、存储和处理本身采集的数据，以及其他节点发来的数据；无线通信模块负责与其他传感器节点进行无线通信，交换控制信息和收发采集数据；能量供应模块为传感器节点提供运行所需的能量。

由于传感器节点采用电池供电，一旦电能耗尽，节点就失去了工作能力。为了最大限度地节约电能，在硬件设计方面要尽量采用低功耗器件，在没有通信任务的时候，切断射频部分电源。目前问世的传感器节点（负责通过传感器采集数据的节点）大多使用如下几种处理器：ATMEL公司AVR系列的ATMega128L处理器，TI公司生产的MSP430系列处理器，而汇聚节点（负责汇聚数据的节点）则采用了功能强大的ARM处理器、8051内核处理器。在软件设计方面，各通信协议都应该以节能为中心，必要时可以牺牲一些其他性能指标，以获得更高的电源效率。

无线传感器网络的体系结构由分层的网络通信协议、网络管理平台以及应用支持这3个部分组成，如图3.3所示。

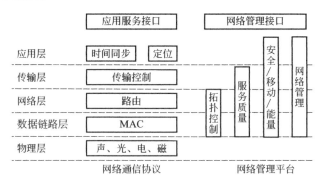

图3.3　无线传感器网络的体系结构

（1）分层的网络通信协议

无线传感器网络的通信协议类似于传统Internet网络中的TCP/IP协议体系，它由物理层、数据链路层、网络层、传输层和应用层5个层组成。

① 物理层协议　物理层负责数据的调制、发送与接收。采用的传输媒体主要有无线电、

红外线、光波。其核心是传感器软、硬件技术。物理层设计低成本、低功耗、小体积的传感器节点。

② 数据链路层　负责数据成帧、帧检测、媒体访问和差错控制。目前对 DSN 数据链路层主要集中在媒体访问控制子层（MAC）。媒体访问控制（MAC）层协议主要负责两个职能，其一是网络结构的建立，因为成千上万个传感器节点高密度地分布于监测地域，MAC层机制为数据传输提供有效的通信链路，并为无线通信的多跳传输和网络的自组织特性提供网络组织结构；其二是为传感器节点有效合理地分配资源。数据链路层的重要功能是传输数据的差错控制。

③ 网络层　主要完成数据的路由转发，实现传感器与传感器、传感器与观察者之间的通信，支持多传感器协作完成大型感知任务。

④ 传输层　无线传感器网络的传输层负责数据流的传输控制，主要通过汇聚节点采集网络内的数据，并使用卫星、移动通信网络、Internet 或者其他的链路与外部网络通信，是保证服务质量的重要部分。

⑤ 应用层　应用层主要负责为无线传感器网络提供安全支持，即实现密钥管理和安全组播。

无线传感器网络的应用十分广泛，其中一些重要的应用领域有：军事方面，无线传感器网络可以布置在敌方的阵地上，用来收集敌方一些重要目标信息，并跟踪敌方的军事动向；环境检测方面，无线传感器网络能够用来检测空气的质量，并跟踪污染源；民用方面，无线传感器网络也可用来构建智能家居和个人健康等系统，这些系统都需要一个安全的数据传输。

（2）网络管理平台

主要是对传感器节点自身的管理以及用户对传感器网络的管理。它包括了能量管理、拓扑控制、网络管理、移动管理等。

① 能量管理　负责控制节点对能量的使用。电池能源是各个节点最宝贵的能源，为了延长网络存活时间，必须有效地利用能源。

② 拓扑控制　负责保持网络连通和数据有效传输。由于传感器节点被大量密集部署在监控区域，为了节约能源，延长生存时间，部分节点将按照某种规则进入休眠状态。拓扑管理的目的就是在保持网络连通和数据有效传输的前提下，协调 DSN 中各个节点的状态转换。

③ 网络管理　负责网络维护、诊断，并向用户提供网络管理服务接口，通常包含数据收集、数据处理、数据分析和故障处理等功能。

④ 移动管理　移动管理平台检测并注册传感器节点的移动，传感器节点能够动态跟踪其邻居的位置。

3.1.2　无线传感器网络关键技术

无线传感器网络涉及多学科交叉的研究领域，有非常多的关键技术有待研究。主要包括以下几个方面：网络拓扑、路由控制、能量问题、数据融合、网络安全等。

（1）网络拓扑

对于无线的自组织传感器网络而言，网络拓扑控制具有特别重要的意义。通过拓扑控制自动生成良好的网络拓扑结构，能够提高路由协议和 MAC 协议的效率，可为数据融合、时间同步等多方面奠定基础，有利于节省节点的能量来延长网络的生存期。拓扑控制是在满足网络覆盖度和连通度的前提下，通过功率控制和骨干网节点选择，剔除节点之间不必要的无线通信链路，产生一个高效的数据转发的网络拓扑结构。

拓扑控制可以分为节点功率控制和层次型拓扑结构形成两个方面。功率控制机制调节网络中每个节点的发射功率，在满足网络连通度的前提下，减少节点的发送功率，均衡节点单跳可达的邻居数目。层次型的拓扑控制利用分簇机制，让一些节点作为簇头节点，由簇头节点形成一个处理并转发数据的骨干网，其他非骨干网节点可以暂时关闭通信模块，进入休眠状态以节省能量。

(2) 路由控制

传统因特网的实现是通过 IP（Internet Protocols）协议，也包括移动 IP。但是在无线传感器网络中，不需要使用 IP。因为在无线传感器网络中，常常要用到成千上万的传感器节点，而传感器网络中的路径建立方式都是基于需求的，根据某项数据或者某项任务来进行的。

传统的距离向量和链路状态路由协议并不适用于无线传感器网络，理想的无线传感器网络的路由协议应该具有以下性能：分布式运行、无环路、按需运行、考虑安全性、高效地利用能量、支持单向链路、维护多条路由。

(3) 能量问题

在多数情况下，传感器网络中的节点都是由电池供电，电池容量非常有限，并且对于有成千上万节点的无线传感器网络来说，更换电池非常困难，甚至是不可能的。如果网络中的节点因为能量耗尽而不能工作，会带来网络拓扑结构的改变，以及路由的重新建立等问题，甚至可能使得网络出现不连通，造成通信的中断。因此，尽可能地节约无线传感器网络的电池能量，成为无线传感器网络软硬件设计中的核心问题。

首先在功能上，由于无线传感器网络大都是为某一专用目的而设计的，去掉不必要的功能，可以节省能量，延长节点生存时间。其次，可以设计专门的提高传感器网络能量效率的协议以及采用专门的技术，这些协议和技术涉及网络的各个层次。此外，还可以采用跨层设计的方式，提高网络的能量效率。

(4) 数据融合

传感器网络存在能量约束。减少传输的数据量能够有效地节省能量，因此在从各个传感器节点收集数据的过程中，可利用节点的本地计算和存储能力处理数据的融合，去除冗余信息，从而达到节省能量的目的。由于传感器节点的易失效性，传感器网络也需要数据融合技术对多份数据进行综合，提高信息的准确度。

数据融合技术可以与传感器网络的多个协议层次进行结合。在应用层设计中，可以利用分布式数据库技术，对采集到的数据进行逐步筛选，达到融合的效果；在网络层中，很多路由协议均结合了数据融合机制，以期减少数据传输量；此外，还有独立于其他协议层的数据融合协议层，通过减少 MAC 层的发送冲突和头部开销达到节省能量的目的，同时又不损失时间性能和信息的完整性。数据融合技术已经在目标跟踪、目标自动识别等领域得到了广泛的应用。在传感器网络的设计中，只有面向应用需求设计针对性强的数据融合方法，才能最大限度的获益。

(5) 网络安全

无线传感器网络作为任务型的网络，不仅要进行数据的传输，而且要进行数据采集和融合、任务的协同控制等。如何保证任务执行的机密性、数据产生的可靠性、数据融合的高效性以及数据传输的安全性，成为了无线传感器网络安全问题需要全面考虑的内容。无线传感器网络受到的安全威胁和移动网络所受到的安全威胁不同，所以现有的网络安全机制不适合此领域，需要开发针对无线传感器网络的专门协议。

3.1.3 无线传感器网络的特点

(1) 大规模网络

为了获取精确信息，在监测区域通常部署大量传感器节点，传感器节点数量可能达到成千上万，甚至更多。传感器网络的大规模性包括两方面的含义：一方面是传感器节点分布在很大的地理区域内，如在原始大森林采用传感器网络进行森林防火和环境监测，需要部署大量的传感器节点；另一方面，传感器节点部署很密集，在一个面积不是很大的空间内，密集部署了大量的传感器节点。

传感器网络的大规模性具有如下优点：通过不同空间视角获得的信息具有更大的信噪比；通过分布式处理大量的采集信息能够提高监测的精确度，降低对单个节点传感器的精度要求；大量冗余节点的存在，使得系统具有很强的容错性能；大量节点能够增大覆盖的监测区域，减少洞穴或者盲区。

（2）自组织网络

在传感器网络应用中，通常情况下传感器节点被放置在没有基础结构的地方。传感器节点的位置不能预先精确设定，节点之间的相互邻居关系预先也不知道，如通过飞机播撒大量传感器节点到面积广阔的原始森林中，或随意放置到人不可到达或危险的区域。这样就要求传感器节点具有自组织的能力，能够自动进行配置和管理，通过拓扑控制机制和网络协议自动形成转发监测数据的多跳无线网络系统。在传感器网络使用过程中，部分传感器节点由于能量耗尽或环境因素造成失效，也有一些节点为了弥补失效节点、增加监测精度而补充到网络中，这样在传感器网络中的节点个数就动态地增加或减少，从而使网络的拓扑结构随之动态地变化。传感器网络的自组织性要能够适应这种网络拓扑结构的动态变化。动态性传感器网络的拓扑结构可能因为下列因素而改变：

① 外来因素或电能耗尽造成的传感器节点出现故障或失效；
② 环境条件变化可能造成无线通信链路带宽变化，甚至时断时通；
③ 传感器网络的传感器、感知对象和观察者这三要素都可能具有移动性；
④ 新节点的加入。这就要求传感器网络系统要能够适应这种变化，具有动态的系统可重构性。

（3）可靠的网络

传感器网络特别适合部署在恶劣环境或人类不宜到达的区域，传感器节点可能工作在露天环境中，遭受太阳的暴晒或风吹雨淋，甚至遭到无关人员或动物的破坏。传感器节点往往采用随机部署，如通过飞机撒播或发射炮弹到指定区域进行部署。这些都要求传感器节点非常坚固，不易损坏，适应各种恶劣环境条件。由于监测区域环境的限制以及传感器节点数目巨大，不可能人工照顾每个传感器节点，网络的维护十分困难甚至不可维护。传感器网络的通信保密性和安全性也十分重要，要防止监测数据被盗取和获取了伪造的监测信息。因此，传感器网络的软硬件必须具有鲁棒性和容错性。

（4）应用相关的网络

传感器网络用来感知客观物理世界，获取物理世界的信息量。客观世界的物理量多种多样，不可穷尽。不同的传感器网络应用关心不同的物理量，因此对传感器的应用系统也有多种多样的要求。

不同的应用背景对传感器网络的要求不同，其硬件平台、软件系统和网络协议必然会有很大差别。所以传感器网络不能像 Internet 一样，有统一的通信协议平台。对于不同的传感器网络应用虽然存在一些共性问题，但在开发传感器网络应用中，更关心传感器网络的差异。只有让系统更贴近应用，才能做出最高效的目标系统。针对每一个具体应用来研究传感器网络技术，这是传感器网络设计不同于传统网络的显著特征。

（5）以数据为中心的网络

目前的互联网是先有计算机终端系统，然后再互联成为网络，终端系统可以脱离网络独立存在。在互联网中，网络设备用网络中唯一的 IP 地址标识，资源定位和信息传输依赖于终端、路由器、服务器等网络设备的 IP 地址。如果想访问互联网中的资源，首先要知道存放资源的服务器 IP 地址。可以说目前的互联网是一个以地址为中心的网络。传感器网络是任务型的网络，脱离传感器网络谈论传感器节点没有任何意义。传感器网络中的节点采用节点编号标识，节点编号是否需要全网唯一取决于网络通信协议的设计。由于传感器节点随机部署，构成的传感器网络与节点编号之间的关系是完全动态的，表现为节点编号与节点位置没有必然联系。用户使用传感器网络查询事件时，直接将所关心的事件通告给网络，而不是通告给某个确定编号的节点，网络在获得指定事件的信息后汇报给用户。这种以数据本身作为查询或传输线索的思想，更接近于自然语言交流的习惯，所以通常说传感器网络是一个以数据为中心的网络。

3.1.4 无线传感器网络的应用

（1）军事应用

无线传感器网络的相关研究最早起源于军事领域。由于其具有可快速部署、自组织、隐蔽性强和高容错性的特点，因此能够实现对敌军地形和兵力布防及装备的侦察、战场的实时监视、定位攻击目标、战场评估、核攻击和生物化学攻击的监测和搜索等功能。

UCB 的教授主持的 Sensor Web，原理性地验证了应用 WSN 进行战场目标跟踪的技术可行性。美国 BAE 系统公司研发的"狼群"地面无线传感器网络系统，是一个典型的 WSN 电磁信号监测网络。美国科学应用国际公司采用 WSN，构筑了一个电子周边防御系统，为美国军方提供军事防御和情报信息。

（2）环境应用

WSN 可以用于气象和地理研究、自然和人为灾害（如洪水和火灾监测）、监视农作物灌溉情况、土壤空气变更、牲畜和家禽的环境状况和大面积的地表检测，以及跟踪珍稀鸟类、动物和昆虫进行濒危种群的研究等。

在美国，研究人员开发了数种传感器来分别监测降雨量、河水水位和土壤水分，并依此预测爆发山洪的可能性。2002 年，美国加州大学伯克利分校 INTEL 实验室和大西洋学院联合在大鸭岛上部署了用来监测岛上海鸟生活习性的无线传感器网络。哈佛大学的研究小组用 WSN 对活火山观测。2005 年，澳洲的科学家利用传感器网络探测北澳大利亚的蟾蜍分布情况。挪威科学家利用 WSN 监测冰河的变化情况，目的在于通过分析冰河环境的变化来推断地球气候的变化。Intel 在俄勒冈州的一个葡萄园内利用 WSN 测量葡萄园气候的细微变化。

（3）医疗应用

WSN 可以用于检测人体生理数据、健康状况、医院药品管理以及远程医疗等医疗领域。

在实际项目中，100 个微型传感器被植入病人眼中，帮助盲人获得了一定程度的视觉。科学家还创建了一个"智能医疗之家"，即一个 5 间房的公寓住宅，使用无线传感器网络来测量居住者的重要生命体征（血压、脉搏和呼吸）、睡觉姿势以及每天 24 小时的活动状况，所搜集的数据被用于开展相应的医疗研究。哈佛大学的一个研究小组利用无线传感器网络构建了一个医疗监测平台。

（4）家庭应用

嵌入家具和家电中的传感器与执行单元组成的无线网络与 Internet 连接在一起，能够为人们提供更加舒适、方便和具有人性化的智能家居环境。用户可以方便地对家电进行远程监控，如在下班前遥控家里的电饭锅、微波炉、电话机、录像机、电脑等家电，按照自己的意愿完成相应的煮饭、烧菜、查收电话留言、选择电视节目以及下载网络资料等工作。

在家居环境控制方面，将传感器节点放在家庭里不同的房间，可以对各个房间的环境温度进行局部控制。此外,利用无线传感器网络还可以监测幼儿的早期教育环境,跟踪儿童的活动范围,让研究人员、父母或老师全面地了解和指导儿童的学习过程。

(5) 工业应用

WSN 可以用于车辆的跟踪、机械的故障诊断、工业生产监控、建筑物状态监测等。将 WSN 和 RFID 技术融合是实现智能交通系统的绝好途径。在一些危险的工作环境,如煤矿、石油钻井、核电厂等。利用无线传感器网络可以探测工作现场的一些重要信息。机械故障诊断方面,Intel 公司曾在芯片制造设备上安装过 200 个传感器节点,用来监控设备的振动情况,并在测量结果超出规定时提供监测报告。美国贝克特营建集团公司已在伦敦地铁系统中采用了无线传感器网络进行监测。采用 WSN,可以让大楼、桥梁及其他建筑物能够感知并汇报自身的状态信息。英国的一家博物馆利用无线传感器网络设计了一个警告系统。

(6) 其他应用

在太空探索方面,WSN 可以实现对星球表面长期的监测。美国国家航空与航天局(NASA)的 JPL 实验室的 Sensor Webs 计划就是为将来的火星探测进行技术准备。德国某研究机构正在利用 WSN 为足球裁判研制一套辅助系统,以降低足球比赛中越位和进球的误判率。在商务方面,WSN 可用于物流和供应链的管理。

WSN 在大型工程项目、防范大型灾害方面也有着良好的应用前景,如西气东输、青藏铁路、海啸预警等。

3.1.5 无线传感器网络所面临的挑战

无线传感器网络不同于传统数据网络的特点,对无线传感器网络的设计与实现提出了新的挑战,主要体现在以下 5 个方面。

(1) 低能耗

传感器节点通常由电池供电,电池的容量一般不会很大。由于长期工作在无人值守的环境中,通常无法给传感器节点充电或者更换电池,一旦电池用完,节点也就失去了作用。这要求在无线传感器网络运行的过程中,每个节点都要最小化自身的能量消耗,获得最长的工作时间,因而无线传感器网络中的各项技术和协议的使用一般都以节能为前提。

(2) 实时性

无线传感器网络应用大多有实时性的要求。例如,目标在进入监测区域之后,网络系统需要在一个很短的时间内对这一事件作出响应。其反应时间越短,系统的性能就越好。又如,车载监控系统需要每 10ms 读 1 次加速度仪的测量值,否则无法正确估计速度,导致交通事故。这些应用都需要无线传感器网络的实时性。

(3) 低成本

组成无线传感器网络的节点数量众多,单个节点的价格会极大程度地影响系统的成本。为了达到降低单个节点成本的目的,需要设计对计算、通信和存储能力要求均较低的简单网络系统和通信协议。此外,还可以通过减少系统管理与维护的开销来降低系统的成本,这需要无线传感器网络系统具有自配置和自修复的能力。

(4) 安全和抗干扰

无线传感器网络系统具有严格的资源限制,需要设计低开销的通信协议,同时也会带来严重的安全问题。如何使用较少的能量完成数据加密、身份认证、入侵检测以及在破坏或受干扰的情况下可靠地完成任务,也是无线传感器网络研究与设计面临的一个重要挑战。

(5) 协作

单个的传感器节点往往不能完成对目标的测量、跟踪和识别,而需要多个传感器节点采用一定的算法通过交换信息，对所获得的数据进行加工、汇总和过滤，并以事件的形式得到最终结果。

3.2 ZigBee 技术

3.2.1 ZigBee 技术概述

ZigBee 技术是一种具有统一技术标准的短距离无线通信技术，其物理层和数据链路层协议为 IEEE 802.15.4 协议标准，网络层和应用层由 ZigBee 联盟制定，应用层的开发应用根据用户的应用需要，对其进行开发利用，因此该技术能够为用户提供机动、灵活的组网方式。

根据 IEEE 802.15.4 协议标准，ZigBee 的工作频段分为 3 个频段，这 3 个工作频段相距较大，而且在各频段上的信道数据不同，因而，在该项技术标准中，各频段上的调制方式和传输速率不同。它们分别为 868MHz、915MHz 和 2.4GHz，其中 2.4GHz 频段上分为 16 个信道，该频段为全球通用的工业、科学、医学 (indus-trial, scientific and medical, ISM) 频段，该频段为免付费、免申请的无线电频段，在该频段上，数据传输速率为 250Kb/s；另外两个频段为 915/868MHz，其相应的信道个数分别为 10 个和 1 个，传输速率分别为 40Kb/s 和 20Kb/s。

在组网性能上，ZigBee 可以构造为星形网络或者点对点对等网络，在每一个 ZigBee 组成的无线网络中，连接地址码分为 16b 短地址或者 64b 长地址，具有较大的网络容量。

在无线通信技术上，采用 CSMA-CA 方式，有效地避免了无线电载波之间的冲突，此外，为保证传输数据的可靠性，建立了完整的应答通信协议。

ZigBee 设备为低功耗设备，其发射输出为 0~3.6dBm，通信距离为 30~70m，具有能量检测和链路质量指示能力，根据这些检测结果，设备可以自动调整设备的发射功率，在保证通信链路质量的条件下，最小地消耗设备能量。

为保证 ZigBee 设备之间通信数据的安全保密性，ZigBee 技术采用了密钥长度为 128 位的加密算法，对所传输的数据信息进行加密处理。

在设计网络的软件构架时，一般采用分层的方式，不同的层负责不同的功能，数据只能在相邻的层之间流动。ZigBee 协议也在 OSI 参考的基础上，结合无线网络的特点，才有分层的思想实现。ZigBee 无线网络各层示意图如图 3.4 所示。

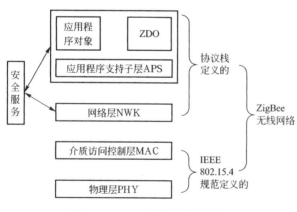

图 3.4　ZigBee 网络各层示意图

从图可以看出，ZigBee 无线网络共分为 5 层：

- 物理层（PHY）；
- 介质访问控制层（MAC）；
- 网络层（NWK）；
- 应用程序支持子层（APS）；

- 应用层（APL）。

采用分层思想有很多优点，例如，当网络协议的一部分发生改变时，可以很容易地对与此相关的几个层进行修改，其他层不需要改变即可。从图中可以看出，IEEE 802.15.4 仅仅是定义了物理层（PHY）和介质访问控制层（MAC）的数据传输规范，而 ZigBee 协议定义了网络层、应用程序支持子层以及应用层的数据传输规范，这就是 ZigBee 无线网络。

3.2.2 ZigBee 的特点

（1）高可靠性

对于无线通信而言，由于电磁波在传输过程中容易受很多因素的干扰，例如，障碍物的阻挡、天气状况等，因此，无线通信系统在数据传输过程中，具有内在的不可靠性。无线控制系统作为无线通信的一个小的分支，在数据传输过程中，也具有不可靠性。

ZigBee 联盟在制定 ZigBee 规范时已经考虑到这种数据传输过程中的内在的不确定性，采取了一些措施来提高数据传输的可靠性，主要包括：物理层兼容高可靠的短距离无线通信协议 IEEE 802.11.5，同时使用 OQPSK 和 DSSS 技术；使用 CSMA-CA（Carrier Sense Multiple Access Collision Avoidance）技术来解决数据冲突问题；使用 16-bits CRC 来确保数据的正确性；使用带应答的数据传输方式来确保数据正确的传输目的地址；采用星形网络尽量保证数据可以沿着不同的传输路径从源地址到达目的地址。

（2）低成本、低功耗

ZigBee 技术可以应用于 8-bit MCU，目前 TI 公司推出的兼容 ZigBee 2007 协议的 SoC 芯片 CC2530 每片价格在 20～35 元，外接几个阻容器件构成的滤波电路和 PCB 天线即可实现网络节点的构建。

ZigBee 网络中的设备主要分为三种：
- 协调器（Coordinator），主要负责无线网络的建立和维护；
- 路由器（Router），主要负责无线网络数据的路由；
- 终端节点（End Device），主要负责无线网络数据的采集。

低功耗仅仅是对终端节点而言，因为路由器和协调器需要一直处于供电状态，只有终端节点可以定时休眠，下面通过一个例子展示终端节点的低功耗是如何实现的。

例如，一般情况下，市面上每节 5 号电池的电量为 1500mA·h，对于两节 5 号电池供电的终端节点而言，总电量为 3000mA·h，即电池以 1mA 电流放电，可以连续放电 3000h（理论值），如果放电电流为 100mA，则可以连续放电 30h。
- 终端节点在数据发送期间需要的时间电流 29mA；
- 数据接收期间所需要的瞬时电流为 24mA。

假设各种传感器所需的工作电流为 30mA（这个工作电流已经很大了），那么数据发送期间所需要的总电流为 59mA，数据接收期间所需要的总电流为 54mA，为了讨论问题方便，总电流取 60mA，表面上 2 节 5 号电池可以供终端节点连续工作 50h。

但是，对应实际系统，终端节点对数据的采集一般是定时采集，例如采集温度数据，由于温度变化减慢，所以可以定时采集，在此假设终端节点每小时工作 50s，其他时间都在休眠（其他时间都在休眠，休眠时工作电流在微安级，所以可以忽略不计）。

那么实际上情况是：系统采用 2 节 5 号电池供电，终端节点工作电流为 60mA，每小时工作 50s（其他时间都在休眠，休眠时工作电流在微安级，所以可以忽略不计），可以计算出 2 节 5 号电池可以供终端节点工作时间为：3600h＝150 天，即大约半年时间，这也就是和介绍 ZigBee 技术的书籍中提到的"对于 ZigBee 终端节点，使用 2 节 5 号电池供电，可以工作半年的时间"的理论依据。

（3）高安全性

为了保证数据传输的安全性，可以使用 AES-128 加密技术，但是对于初学阶段，安全性问题可以不予考虑。

（4）数据的特殊要求

无线控制系统对数据的可靠性和安全性、系统功耗和成本等方面有着特殊的要求，但是，目前的无线控制系统协议没有解决好这些特殊的要求。

（5）兼容性

ZigBee 技术与现有的控制网络标准无缝集成。通过网络协调器自动建立网络，采用 CSMA-CA 方式进行信道接入。为了可靠传递，还提供全握手协议。

（6）安全性

ZigBee 提供了数据完整性检查和鉴权功能，在数据传输中提供了三级安全性。第一级实际是无安全方式，对于某种应用，如果安全并不重要或者上层已经提供足够的安全保护，器件就可以选择这种方式来转移数据。对于第二级安全级别，器件可以使用接入控制清单（ACL）来防止非法器件获取数据。在这一级不采取加密措施。第三级安全级别在数据转移中采用属于高级加密标准（AES）的对称密码。AES 可以用来保护数据和防止攻击者冒充合法器件。

3.2.3 ZigBee 无线网络通信信道

一般情况，不同的电波具有不同的频谱，无线通信系统的频谱有几十兆赫兹到几千兆赫兹，包括了收音机、手机、卫星电视等使用的波段，这些电波都使用空气作为传输介质来传播，为了防止不同的应用之间相互干扰，就需要对无线通信系统的通信信道进行必要的管理。

各个国家都有自己的无线管理结构，如美国的联邦通信委员会（FCC）、欧洲的典型标准委员会（ETSI）。我国的无线电管理机构为中国无线电管理委员会，其主要职责是负责无线电频率的划分、分配与指配、卫星轨道位置协调和管理、无线电监测、检测、干扰查处，协调处理电磁干扰事宜和维护空中电波秩序等。

一般情况，使用某一特定的频段需要得到无线电管理部门的许可，当然，各国的无线电管理部门也规定了一部分频段是对公众开放的，不需要许可使用，以满足不同的应用需求，这些频段包括 ISM（Industrial、Scientific and Medical——工业、科学和医疗）频带。

除了 ISM 频带外，在我国，低于 135kHz，在北美、日本等地，低于 400kHz 的频带也是免费频段。各国对无线电频谱的管理不仅规定了 ISM 频带的频率，同时也规定了在这些频带上所使用的发射功率，在项目开发过程中，需要查阅相关的手册，如我国信息产业部发布的《微功率（短距离）无线电设备管理规定》。

IEEE 802.15.4（ZigBee）工作在 ISM 频带，定义了两个频段，2.4GHz 频段和 896/915MHz 频带。在 IEEE 802.15.4 中共规定了 27 个信道：

频带	使用范围	数据传输率	信道数
2.4 GHz ISM	全世界	250 kbps	16
868 MHz	欧洲	20 kbps	1
915 MHz ISM	北美	40 kbps	10

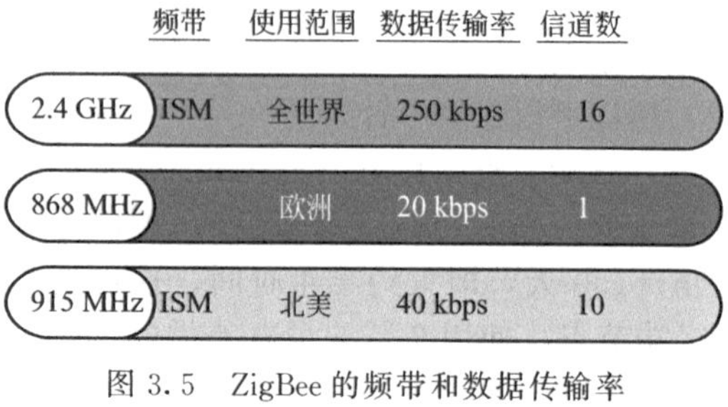

图 3.5 ZigBee 的频带和数据传输率

● 在 2.4GHz 频段，共有 16 个信道，信道通信速率为 250kbps；

● 在 915MHz 频段，共有 10 个信道，信道通信速率为 40kbps；

● 在 896MHz 频段，有 1 个信道，信道通信速率为 20kbps。

ZigBee 的频带和数据传输率见图 3.5；ISM 频段信道分布图如图 3.6 所示。

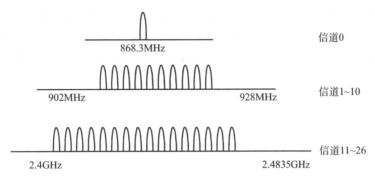

图 3.6　ISM 频段信道分布图

3.2.4　ZigBee 无线网络拓扑结构

ZigBee 网络拓扑结构主要有星形网络和网状网络，分别如图 3.7 和图 3.8 所示。不同的网络拓扑对应于不同的应用领域，在 ZigBee 无线网络中，不同的网络拓扑结构对网络节点的配置有不同的要求（网络节点的类型可以用协调器、路由器和终端节点，具体配置需要根据配置文件决定），在本书后面章节将进行讲解，在此，读者只需要对网络拓扑结构有个概念性的认识即可。

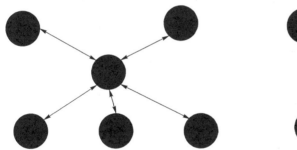
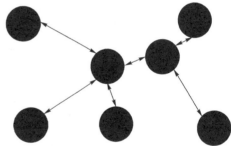

图 3.7　星形网络拓扑　　　　　　　　　图 3.8　网状网络拓扑

3.2.5　ZigBee 技术的应用领域

ZigBee 技术是基于小型无线网络而开发的通信协议标准，尤其是伴随 ZigBee 2007 协议的逐渐成熟，ZigBee 技术在智能家居和商业楼宇自动化方面有较大的应用前景。ZigBee 技术的出现弥补了低成本、低功耗和低速率无线通信市场的空缺，总体而言，在以下应用场合可以考虑采用 ZigBee 技术：

- 需要进行数据采集和控制的节点较多；
- 应用对数据传输速率和成本要求不高；
- 设备需要电池供电几个月的时间，且设备体积较小；
- 野外布置网络节点，进行简单的数据传输。

下面，给读者展示当前市场上几个 ZigBee 方面应用的例子。

在工业控制方面，可以使用 ZigBee 技术组建无线网络，每个节点采集传感器数据，然后通过 ZigBee 网络来完成数据的传送。

在智能家居和商业楼宇自动化方面，将空调、电视、窗帘控制器等通过 ZigBee 技术来组成一个无线网络，通过一个遥控器就可以实现各种家电的控制，这种应用场所比现行的每个家电一个遥控器要方便得多。

在农业方面，传统的农业主要使用没有通信能力且独立的机械设备，使用人力来检测农田的土质状况、作物生长状况等，如果采用 ZigBee 技术，可以轻松地实现作物各个生长阶段的监控，传感器数据可以通过 ZigBee 网络来进行无线传输，用户只需要在电脑前即可实时监控作物生长情况，这将极大促进现代农业的步伐。

在医学应用领域，可以借助 ZigBee 技术，准确、有效地检测病人的血压、体温等信息，这将大大减轻查房的工作负担，医生只需要在电脑前使用相应的上位机软件，即可监控数个病房病人的情况。

3.2.6 ZigBee 协议栈概述

ZigBee 堆栈是在 IEEE 802.15.4 标准基础上建立的，IEEE 802.15.4 标准定义了协议的 MAC 和 PHY 层。ZigBee 设备应该包括 IEEE 802.15.4（该标准定义了 RF 射频以及与相邻设备之间的通信）的 PHY 和 MAC 层，以及 ZigBee 堆栈层：网络层（NWK）、应用层和安全服务提供层。图 3.9 给出了这些组件的概况。

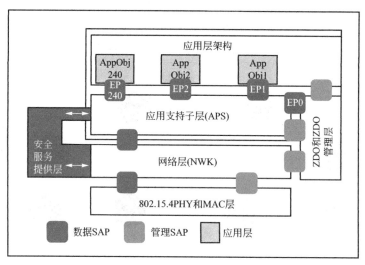

图 3.9 ZigBee 堆栈框架

每个 ZigBee 设备都与一个特定模板有关，可能是公共模板或私有模板。这些模板定义了设备的应用环境、设备类型以及用于设备间通信的簇。公共模板可以确保不同供应商的设备在相同应用领域中的互操作性。

设备是由模板定义的，并以应用对象（Application Objects）的形式实现。每个应用对象通过一个端点连接到 ZigBee 堆栈的余下部分，它们都是器件中可寻址的组件，从应用角度看，通信的本质就是端点到端点的连接（例如，一个带开关组件的设备与带一个或多个灯组件的远端设备进行通信，目的是将这些灯点亮）。

端点之间的通信是通过称之为簇的数据结构实现的。这些簇是应用对象之间共享信息所需的全部属性的容器，在特殊应用中使用的簇在模板中有定义。

每个接口都能接收（用于输入）或发送（用于输出）簇格式的数据。一共有 2 个特殊的端点，即端点 0 和端点 255。端点 0 用于整个 ZigBee 设备的配置和管理。应用程序可以通过端点 0 与 ZigBee 堆栈的其他层通信，从而实现对这些层的初始化和配置。附属在端点 0 的对象被称为 ZigBee 设备对象（ZDO）。端点 255 用于向所有端点的广播。端点 241 到 254 是保留端点。

所有端点都使用应用支持子层（APS）提供的服务。APS 通过网络层和安全服务提供层与端点相接,并为数据传送、安全和绑定提供服务,因此能够适配不同但兼容的设备,比如带灯的开关。

APS 使用网络层(NWK)提供的服务。NWK 负责设备到设备的通信,并负责网络中设备初始化所包含的活动、消息路由和网络发现。应用层可以通过 ZigBee 设备对象(ZDO)网络层参数进行配置和访问。

ZigBee 协议栈体系包含一系列的层元件,其中有 IEEE 802.15.4 2003 标准中的 MAC 层和 PHY 层,当然也包括 ZigBee 组织设计的 NWK 层和应用层。每个层的元件有其特定的服务功能。

ZigBee 的体系结构由称为层的各模块组成。每一层为其上层提供特定的服务:即由数据服务实体提供数据传输服务;管理实体提供所有的其他管理服务。ZigBee 堆栈的大多数层有两个接口:数据实体接口和管理实体接口。数据实体接口的目标是向上层提供所需的常规数据服务。管理实体接口的目标是向上层提供访问内部层参数、配置和管理数据的机制。

每个服务实体通过相应的服务接入点(SAP)为其上层提供一个接口,每个服务接入点通过服务原语来完成所对应的功能。

(1) ZigBee 中原语的概念

原语是层与层之间信息交互的接口,交互的信息就是原语的参数。原语只有四种类型:请求原语:Request,确认原语:Confirm,指示原语:Indication,响应原语:Response,其中 Request 和 Response 是从上层到下层的,Confirm 和 Indication 是从下层到上层的。

举例:假如上层请求下层打开接收机,给下层一个 Request,下层完成请求的功能后,给上层一个 Confirm,告诉上层正确完成了,或者出什么错了。

假如上层请求下层发送数据到 Remote 端,给下层一个数据发送的 Request,下层完成数据发送任务后,给上层一个 Confirm 告诉上层结果。在对端,对应的下层收到数据后,需要通过 Indication 把收到的数据传给上层。

假如节点 A 要请求节点 B 的对等层的一个服务,给自己下层一个请求,下层将信息发送到节点 B 的对等层之后,节点 B 的下层用 Indication 告诉上层,上层做出影响后,用 Response 给到下层,节点 B 再发送到节点 A 的对等层,节点 A 的下层再用 Confirm 原语要得到的信息返回给上层。

(2) 设备类型和角色

IEEE 802.15.4 无线网络协议中定义了两种设备类型:全功能设备(FFD)和半功能设备(RFD)。FFD 可以执行 IEEE 802.15.4 标准中的所有功能,并且可以在网络中扮演任何角色,那反过来讲,RFD 就有功能限制。比如 FFD 能与网络中的任何设备通信,而 RFD 就只能和 FFD 通信。RFD 设备的用途是为了做一些简单功能的应用,比如做个开关之类的。而其功耗与内存大小都比 FFD 要小很多。

在 ZigBee 网络中,节点分为三种角色:协调器、路由器和终端节点。其中 ZigBee 协调者(coord)为协调器节点,每个 ZigBe 网络必须有一个。它的主要作用是初始化网络信息。ZigBee 路由器(router)为路由节点,它的作用是提供路由信息。ZigBee 终端节点(RFD 为终端节点),它没有路由功能,完成的是整个网络的终端任务。其中 FFD 可以扮演任何一个角色,而 RFD 只能扮演终端节点的角色。参阅图 3.10。

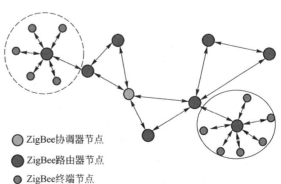

图 3.10 ZigBee 节点类型和角色

3.2.7 ZigBee 网络拓扑结构

ZigBee 技术网络有两种网络拓扑结构：星形的拓扑结构和对等的拓扑结构。

星形拓扑网络结构由一个叫做 PAN 主协调器的中央控制器和多个从设备组成，主协调器必须为一个完整功能的设备，从设备既可为完整功能设备也可为简化功能设备。在实际应用中，应根据具体应用情况，采用不同功能的设备，合理的构造通信网络。在网络通信中，通常将这些设备分为起始设备或者终端设备，PAN 主协调器既可作为起始设备、终端设备，也可以作为路由器，它是 PAN 网络的主要控制器。在任何一个拓扑网络上，所有设备都有唯一的 64 位长地址码，该地址码可以在 PAN 中用于直接通信，或者当设备发起连接时，可以将其转变为 16 位的短地址码分配给 PAN 设备，因此，在设备发起连接时，应采用 64 位的长地址码，只有在连接成功后，系统分配了 PAN 的标识符后，才能采用 16 位的短地址进行连接，因此，短地址码是一个相对地址码，长地址码是一个绝对地址码。在 ZigBee 技术应用中，PAN 主协调器是主要的耗能设备，而其他从设备均采用电池供电，ZigBee 技术的星形拓扑结构通常在家庭自动化、PC 外围设备、玩具、游戏以及个人健康检查等方面得到应用。

对等的拓扑网络结构中，同样也存在一个 PAN 主设备，但该网络不同于星形拓扑网络结构，在该网络中的任何一个设备，只要是在它的通信范围内，就可以和其他设备进行通信。对等拓扑网络结构能够构成较为复杂的网络结构，例如，网孔拓扑网络结构，这种对等拓扑网络结构，在工业监测和控制、无线传感器网络、供应物资跟踪、农业智能化，以及安全监控等方面都有广泛的应用。一个对等网络的路由协议，可以是基于 Ad hoc 技术的，也可以是自组织式的和自恢复的，并且，在网络中各个设备之间发送消息时，可通过多个中间设备中继的方式进行传输，即通常称为多跳的传输方式，以增大网络的覆盖范围。其中，组网的路由协议，在 ZigBee 网络层中没有给出，这样为用户的使用提供了更为灵活的组网方式。参阅图 3.11。

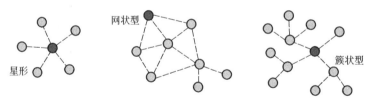

图 3.11 ZigBee 网络拓扑结构

无论是星形拓扑结构，还是对等拓扑网络结构，每个独立的 PAN 都有一个唯一的标识符，利用该 PAN 标识符，可采用 16 位的短地址码进行网络设备间的通信，并且可激活 PAN 网络设备间的通信。

（1）星形网络结构的形成

当一个具有完整功能的设备（FFD）第一次被激活后，它就会建立一个自己的网络，将自身成为一个 PAN 主协调器。所有星形网络的操作独立于当前其他星形网络的操作，这就说明了在星形网络结构中只有一个唯一的 PAN 主协调器，通过选择一个 PAN 标识符确保网络的唯一性，目前，其他无线通信技术的星形网络没有用这种方式。因此，一旦选定了一个 PAN 标识符，PAN 主协调器就会允许其他从设备加入到它的网络中，无论是具有完整功能的设备，还是简化功能的设备都可以加入到这个网络中。

（2）对等网络的形成

在对等拓扑结构中，每一个设备都可以与在无线通信范围内的其他任何设备进行通信。

任何一个设备都可定义为 PAN 主协调器，例如，可将信道中第一个通信的设备定义为 PAN 主协调器。未来的网络结构很可能不仅仅局限为对等的拓扑结构，而是在构造网络的过程中，对拓扑结构进行某些限制。

例如，树簇拓扑结构是对等网络拓扑结构的一种应用形式，在对等网络中的设备可以为完整功能设备，也可以为简化功能设备。而在树簇中的大部分设备为 FFD，RFD 只能作为树枝末尾处的叶节点，这主要是由于 RFD 一次只能连接一个 FFD。任何一个 FFD 都可以作为主协调器，并且，为其他从设备或主设备提供同步服务。在整个 PAN 中，只要该设备相对于 PAN 中其他设备具有更多计算资源，比如具有更快的计算能力、更大的存储空间以及更多的供电能力等，这样的设备都可以成为该 PAN 的主协调器，通常称该设备为 PAN 主协调器。在建立一个 PAN 时，首先，PAN 主协调器将其自身设置成一个簇标识符（CID）为 0 的簇头（CLH），选择一个没有使用的 PAN 标识符，并向临近的其他设备以广播的形式发送信标帧，从而形成第一簇网络。接收到信标帧的候选设备可以在簇头中请求加入该网络，如果 PAN 主协调器允许该设备加入，那么主协调器会将该设备作为子节点加到它的临近表中，同时，请求加入的设备将 PAN 主协调器作为它的父节点加到邻近列表中，成为该网络中的一个从设备。同样，其他的所有候选设备都按照同样的方式，可请求加入到该网络中，作为网络的从设备。如果原始的候选设备不能加入到该网络中，那么它将寻找其他的父节点。

在树簇网络中，最简单的网络结构是只有一个簇的网络，但是多数网络结构由多个相邻的网络构成。一旦第一簇网络满足预定的应用或网络需求时，PAN 主协调器将会指定一个从设备为另一簇网络的簇头，使得该从设备成为另一个 PAN 的主协调器，随后其他的从设备将逐个加入，并形成一个多簇网络。

多簇网络结构的优点在于可以增加网络的覆盖范围，而随之产生的缺点是会增加传输信息的延迟时间（星形连接的相对优点）。

(1) ZigBee 堆栈容量

根据 ZigBee 堆栈规定的所有功能和支持，我们很容易推测 ZigBee 堆栈实现，需要用到设备中的大量存储器资源。不过 ZigBee 规范定义了三种类型的设备，每种都有自己的功能要求：ZigBee 协调器是启动和配置网络的一种设备。协调器可以保持间接寻址用的绑定表格，支持关联，同时还能设计信任中心和执行其他活动。一个 ZigBee 网络只允许有一个 ZigBee 协调器。

ZigBee 路由器是一种支持关联的设备，能够将消息转发到其他设备。ZigBee 网格或树形网络可以有多个 ZigBee 路由器。ZigBee 星形网络不支持 ZigBee 路由器。

ZigBee 端终设备可以执行它的相关功能，并使用 ZigBee 网络到达其他需要与其通信的设备。它的存储器容量要求最少。然而需要特别注意的是，网络的特定架构会影响设备所需的资源。NWK 支持的网络拓扑有星形、树形和网格型。在这几种网络拓扑中，星形网络对资源的要求最低。

(2) ZigBee 的安全性

安全机制由安全服务提供层提供。然而值得注意的是，系统的整体安全性是在模板级定义的，这意味着模板应该定义某一特定网络中应该实现何种类型的安全。

每一层（MAC、网络或应用层）都能被保护，为了降低存储要求，它们可以分享安全钥匙。SSP 是通过 ZDO 进行初始化和配置的，要求实现高级加密标准（AES）。ZigBee 规范定义了信任中心的用途。信任中心是在网络中分配安全钥匙的一种令人信任的设备。

3.3 蓝牙技术

越来越多数字电子产品借着新科技提升本身的性能和实力。从目前发展趋势来看，未来消费性电子产品将有两个重要的发展指标，一是使用蓝牙技术这类开放技术，以无线、局域网络、可携带式设备成为网络体的延伸；另一项则是内存规格的统一、加密以及轻量化应用。

蓝牙是一种短距无线通信的技术规范，它最初的目标是取代现有的掌上电脑、移动电话等各种数字设备上的有线电缆连接。在制定蓝牙规范之初，就建立了统一全球的目标，向全球公开发布，工作频段为全球统一开放的 2.4GHz 工业、科学和医学（Industrial，Scientific and Medical，ISM）频段。从目前的应用来看，由于蓝牙体积小、功率低，其应用已不局限于计算机外设，几乎可以被集成到任何数字设备之中，特别是那些对数据传输速率要求不高的移动设备和便携设备。

3.3.1 蓝牙技术的起源

随着世界范围内电子设备技术高速发展。瑞典的爱立信公司于 1994 年成立了一个专项科研小组，对移动电话及其附件的低能耗、低费用无线连接的可能性进行研究，他们的最初目的在于建立无线电话与 PC 卡、耳机及桌面设备等产品的连接。但是随着研究的深入，科研人员越来越感到这项技术所独具的个性和巨大的商业潜力，同时也意识到凭借一家企业的实力根本无法继续研究，于是，爱立信将其公之于世，并极力说服其他企业加入到它的研究中来。他们共同的目标是建立一个全球性的小范围无线通信技术，并将此技术命名为"蓝牙"，来表达要将这种全新的无线传输技术在全球推广，并实现全球通用的雄心。

1998 年 2 月，爱立信、诺基亚、IBM、东芝及 Intel 组成了蓝牙特殊利益集团（SIG）。这个集团包含了商业领域的最佳组合，两个最大的移动通信公司，两个最大的手提电脑生产商，一个数字信号处理技术的领导者。之后，蓝牙引起了越来越多企业的关注。目前，包括索尼、惠普、戴尔在内的 2000 多家公司都签署了相关协议，共享这一先进技术。这么多的精英公司集中在一项技术的大旗下，在商业史上是史无前例的，一项公开的全球统一的技术规范得到了工业界如此广泛的关注和支持，也是以往所罕见的。基于此项蓝牙技术的产品具有广阔的应用前景和巨大的潜在市场。

3.3.2 蓝牙技术的基本定义

所谓蓝牙（Bluetooth）技术，实际上是一种短距离无线通信技术，是一种无线数据与语音通信的开放性标准，它以低成本的近距离无线连接为基础，在 10～100m 的空间内所有支持该技术的移动或非移动设备，可以方便地建立网络联系、进行音频通信或直接通过手机访问互联网。利用"蓝牙"技术，能够有效地简化掌上电脑、笔记本电脑和移动电话（手机）等移动通信终端设备之间的通信，也能够成功地简化以上这些设备与因特网 Internet 之间的通信，从而使这些现代通信设备与因特网之间的数据传输变得更加迅速高效，为无线通信拓宽道路。

整个蓝牙系统按功能可分为四个模块：无线射频单元、链路控制单元、链路管理单元、软件架构。无线射频单元主要规定硬件设备的功能，它负责射频处理和基带调制的功能。链路控制单元主要完成底层通信协议（如物理层、MAC 层）的功能。链路管理单元主要负责基带连接的设定及管理、基带数据的分段及重组、多路复用和确定服务质量等功能。软件架构主要为各种应用（如语音、数据等）提供应用软件所需的通信协议与应用程序接口。"蓝牙"技术属于一种短距离、低成本的无线连接技术,是一种能够实现语音和数据无线传输的开放性方案,因此,目前无线通信的"蓝牙"刚刚露出一点儿芽尖,却已经引起了全球通信业界和广大用户的密切关注。

3.3.3 蓝牙技术的协议

蓝牙规范的协议栈采用分层结构,分别完成数据流的过滤和传输,跳频和数据帧传输,连接的建立和释放,链路的控制、数据的拆装、业务质量(QoS)、协议的复用和分段重组等功能。

完整的协议栈包括蓝牙专用协议(如连接管理协议 LMP 和逻辑链路控制应用协议 L2CAP)以及非专用协议(如对象交换协议 OBEX 和用户数据报协议 UDP)。设计协议和协议栈的主要原则是尽可能利用现有的各种高层协议,保证现有协议与蓝牙技术的融合以及各种应用之间的互相操作,高层应用协议(协议栈的垂直层)都使用公共的数据链路和物理层,充分利用兼容蓝牙技术规范的软硬件系统。蓝牙技术规范的开放性保证了设备制造商可以自由地选用其专用协议或习惯使用的公共协议,在蓝牙技术规范基础上开发新的应用。

蓝牙协议体系中的协议分为四类:
- 核心协议 BaseBand、LMP、L2CAP、SDP;
- 电缆替代协议 RFCOMM;
- 电话控制协议 TCS_Binary、AT 命令集;
- 选用协议 PPP、UDP/TCP/IP、OBEX、WAP、vCard、vCal、IrMC、WAE。

协议还定义了主机控制器接口(HCI),它提供对链路控制器和链路管理器的命令接口,以及对硬件状态和控制注册成员的访问,该接口还提供对蓝牙基带的统一访问模式。

蓝牙核心协议由 SIG 制定的蓝牙专用协议组成。绝大部分蓝牙设备都需要核心协议(加上无线部分),而其他协议则根据应用的需要而定。电缆替代协议、电话控制协议和被采用的协议在核心协议基础上构成了面向应用的协议。

(1)蓝牙核心协议

① 基带协议(BaseBand) 基带协议确保微网内各蓝牙设备单元之间由射频构成的物理连接。蓝牙的射频系统是一个跳频系统,其任一分组在指定时隙、指定频率上发送。它使用查询过程使一个单元能发现那些在范围之内的单元,以及它们的设备地址时钟。通过呼叫过程,能够建立实际连接。基带数据分组有两种物理连接方式,即面向连接(SCO)和无连接(ACL),而且在同一射频上可实现多路数据传送。ACL 适用于数据分组,其特点是可靠性好,但有延时;SCO 适用于话音以及话音与数据的组合,其特点是实时性好,但可靠性比 ACL 差。所有的话音和数据分组都附有不同级别的前向纠错(FEC)或循环冗余校验(CRC),而且可进行加密。可使用各种用户模式在蓝牙设备间传送话音,面向连接的话音分组只需经过基带传输,而不到达 L2CAP。话音模式在蓝牙系统内相对简单,只需开通话音连接就可传送话音。

② 链路管理协议(LMP) 链路管理协议(LMP)用来对链路进行设置和控制。它负责建立和解除蓝牙设备单元之间的连接、功率控制以及认证和加密,还控制蓝牙设备的工作状态(保持、休眠、呼吸和活动)。

③ 逻辑链路控制和适配协议(L2CAP) 从某种意义上说,L2CAP 和 LMP 都相当于 OSI 第二层即链路层的协议,可以认为它与 LMP 并行工作。基带数据业务可以越过 LMP 而直接通过 L2CAP 向高层协议传送数据。L2CAP 向 RFCOMM 和 SDP 等层提供面向连接的和无连接的数据服务,它采用了多路技术、分割和重组技术、群提取技术。L2CAP 允许高层协议以 64KB 长度收发数据分组。虽然基带协议提供了 SCO 和 ACL 两种连接类型,但

L2CAP 只支持 ACL。

④ 服务发现协议（SDP） 服务发现是所有用户模式的基础，SDP 上层可以有 FTP、LAN 接入、无绳电话、同步模式等应用。在蓝牙系统中，客户只有通过服务发现协议，才能获得设备信息、服务信息及服务特征，从而在设备单元之间建立不同的 SDP 层连接。

（2）电缆替代协议（RFCOMM）

RFCOMM 可以仿真串行电缆接口协议（如 RS-232、V.24 等），是基于 ETSI-07.10 串口仿真协议。通过 RFCOMM，蓝牙可以在无线环境下实现对高层协议，如 PPP、TCP/UDP/IP、WAP 等协议的支持。另外，RFCOMM 可以支持 AT 命令集，从而可以实现移动电话和传真机及调制解调器之间的无线连接。

（3）电话控制协议

① 二进制电话控制协议（TCS 二进制或 TCS BIN） 该协议是面向比特的协议，它规定了蓝牙设备间建立语音和数据呼叫的控制信令，它还规定了处理蓝牙 TCS 设备的移动管理过程。该协议是基于 ITU-U Q.931 建议而开发的，被指定为蓝牙电话控制协议二进制规范。

② AT 命令集电话控制协议 AT 命令集用来控制多用户模式下移动电话和调制解调器，该 AT 命令集是基于 ITU-T V.250 建议和 GSM 07.07 标准，它还可以用于传真业务。

（4）选用协议

① 点对点协议（PPP） 在蓝牙协议栈中，PPP 位于 RFCOMM 上层，完成点对点的连接。

② TCP/UDP/IP 该协议是由互联网工程任务组（IETF）制定，现已发展成为计算机之间最常应用的组网形式。IP 协议处理分组在网络中的活动，TCP 为两台主机提供高可靠性的数据通信，UDP 则为应用层提供一种非常简单的服务，它们是 Internet 的基础，在蓝牙设备中，使用这些协议是为了与互联网相连接的设备进行通信。

③ 对象交换协议（OBEX） 它采用简单的和自发的方式交换对象。OBEX 协议能通过"推"、"拉"操作传输对象。一个对象可以通过多个"推"请求和"拉"应答进行交换。OBEX 是一种类似于 HTTP 的协议，它假设传输层是可靠的，采用客户机/服务器模式，独立于传输机制和传输应用程序接口 API。

④ 电子名片交换格式（vCard）、电子日历及日程交换格式（vCal） 它们都是开放性规范，都没有定义传输机制，而只是定义了数据传输格式。SIG 采用 vCard/vCal 规范，是为了进一步促进个人信息交换。

⑤ 无线应用协议（WAP） 该协议是由无线应用协议论坛制定的，它融合了各种广域无线网络技术，其目的是将互联网内容和电话传送的业务传送到数字蜂窝电话和其他无线终端上。

3.3.4　蓝牙技术的内容

蓝牙技术产品是采用低能耗无线电通信技术来实现语音、数据和视频传输的，其传输速率最高为 1Mb/s，以时分方式进行全双工通信，通信距离为 10m 左右，配置功率放大器可以使通信距离进一步增加。

蓝牙产品采用的是跳频技术，能够抗信号衰减；采用快跳频和短分组技术，能够有效地减少同频干扰，提高通信的安全性；采用前向纠错编码技术，以便在远距离通信时减少随机噪声的干扰；采用 2.4GHz 的 ISM（即工业、科学、医学）频段，以省去申请专用许可证的麻烦；采用 FM 调制方式，使设备变得更为简单可靠；"蓝牙"技术产品一个跳频频率发送一个同步分组，每组一个分组占用一个时隙，也可以增至 5 个时隙；"蓝牙"技术支持一个异步数据通道，或者 3 个并发的同步语音通道，或者一个同时传送异步数据和同步语音的通道。"蓝牙"的每一个话音通道支持64Kbps的同步话音，异步通道支持的最大速率为720Kbps、反向应答速率为57.6Kbps的非对称连接，或者432.6Kbps的对称连接。

蓝牙技术产品与因特网Internet之间的通信，使得家庭和办公室的设备不需要电缆也能够实现互通互联，大大提高办公和通信效率。因此，"蓝牙"将成为无线通信领域的新宠，将为广大用户提供极大的方便而受到青睐。

3.3.5 蓝牙技术发展的各个阶段

蓝牙的支持者很多，从最初只有五家企业发起的蓝牙特别兴趣小组（SIG）发展到现在已拥有了近3000个企业成员。根据计划，蓝牙从实验室进入市场经过三个阶段。

第一阶段 蓝牙产品作为附件应用于移动性较大的高端产品中。如移动电话耳机、笔记本电脑插卡或PC卡等，或应用于特殊要求或特殊场合，这种场合只要求性能和功能，而对价格不太敏感，这一阶段的时间大约在2001年年底到2002年年底。

第二阶段 蓝牙产品嵌入中高档产品中，如PDA、移动电话、PC、笔记本电脑等。蓝牙的价格会进一步下降，其芯片价格在10美元左右，而有关的测试和认证工作也将初步完善。这一时间段是2002~2005年。

第三阶段 2005年以后，蓝牙进入家用电器、数码相机及其他各种电子产品中，蓝牙网络随处可见，蓝牙应用开始普及，蓝牙产品的价格在2~5美元之间，每人都可能拥有2~3个蓝牙产品。

蓝牙产品的市场化正处于第三阶段。2006年年底，蓝牙有超过10亿的无线用户，其中包括5亿多使用无线互联网访问服务的用户。第三代移动通信技术将为蓝牙互联提供更大的市场，蓝牙互联技术允许手机、便携设备、个人电脑、笔记本电脑和第三方的接入设备互相连接在一起。

3.3.6 蓝牙技术的特点

蓝牙是一种短距无线通信的技术规范，它最初的目标是取代现有的掌上电脑、移动电话等各种数字设备上的有线电缆连接。在制定蓝牙规范之初，就建立了统一全球的目标，向全球公开发布，工作频段为全球统一开放的2.4GHz工业、科学和医学（Industrial，Scientific and Medical，ISM）频段。从目前的应用来看，由于蓝牙体积小、功率低，其应用已不局限于计算机外设，几乎可以被集成到任何数字设备之中，特别是那些对数据传输速率要求不高的移动设备和便携设备。蓝牙无线技术是为了解决一个简单问题而产生的，即以无线电波替换移动设备所使用的电缆。以相同成本和安全性实现一般电缆的功能，从而使移动用户摆脱电缆束缚，这就决定了蓝牙技术具备以下技术特性。

（1）功耗低、体积小

蓝牙技术本来就是发展用于互连小型移动设备及其外设，它的市场目标是移动笔记本、移动电话、小型的PDA以及它们的外设，因此蓝牙芯片必须有功耗低、体积小的特点，可以集成到小型便携设备中去。蓝牙产品输出功率很小（只有1mW），仅是微波炉使用功率的百万分之一，是移动电话的一小部分，而且在这些输出中，仅有一小部分被物体吸收。

（2）近距离通信

蓝牙技术通信距离为10m，如果需要，还可以选用放大器使其扩展到100m。这已经足够在办公室内任意摆放外围设备，而不用再担心电缆长度是否够用。

（3）安全性

同其他无线信号一样，蓝牙信号很容易被截取，因此蓝牙协议提供了认证和加密，以实现链路级安全。蓝牙系统认证与加密服务由物理层提供，采用流密码加密技术，适于硬件实现，密钥由高层软件管理。如果用户有更高级别的保密要求，可以使用更高级、更有效的传输层和应用层安全机制认证，可以有效防止电子欺骗以及不期望的访问，而加密则保护链路隐私。除此之外，跳频技术保密性和蓝牙有限的传输范围也使窃听变得困难。

（4）互操作性

互操作性是蓝牙产品的重要特性。只有实现互操作性，各大厂商之间的蓝牙产品才能够互通。

（5）能够传送语音和数据

蓝牙基带协议是电路交换与包交换的结合，使得该技术同时适合于传送语音和数据。蓝牙协议定义了两种类型的链路：异步的面向非连接（ACL）链路和同步的面向连接（SCO）链路。它一般用来传送数据，支持对称的或非对称的、包交换的、点到多点的连接。

（6）采用跳频技术，工作于 ISM 频段

蓝牙设备采用跳频扩频技术，工作于 ISM 频段。系统最大跳频速率为 1600 跳/s，在 2.402~2.480GHz 之间，采用 79 个 1MHz 带宽的频点。ISM 频段是指用于工业、科学和医学的全球公用频段，它包括 902~928MHz 和 2.4~2.484GHz 等频率范围，可以免费使用而不用申请。此外，蓝牙系统的通信协议采用 TDD（时分双工），其设备采用的是 GFSK 调制技术。

（7）网络特性

蓝牙支持点到点和点到多点的连接。蓝牙系统的网络拓扑结构首先是由最多 8 台独立的设备单元连成微网，再由多个独立的、非同步的微网组成一个独立的散网。在微网内部，只有一个主单元，其他都是从单元且最多有 7 个，主单元利用其自身的时钟和跳频序列同步其他的从单元。

3.3.7 蓝牙技术的主要应用

（1）蓝牙技术在 3G 技术中的应用

目前我们日常生活中听到过的蓝牙最为广泛的应用当属蓝牙耳机了。曾经蓝牙耳机是作为一项高科技出现在我们的视线当中的，当时带有蓝牙功能的手机也寥寥无几，而且价格并不能被广大消费者所接受。而今，几乎 70% 的手机都具有了蓝牙功能，著名的手机厂商甚至在部分低端低价手机上也开始加入了蓝牙功能。蓝牙已经普及到了我们的生活当中。而蓝牙耳机的价格也已经到了大众所能够消费的水准。

（2）蓝牙技术在生活各个领域中的应用

私家车市场的成熟也是促使蓝牙发展的一个重要因素。开车打电话是非常危险的事情，您使用蓝牙耳机进行通话的话可以大大降低边打电话边开车的危险性。在国外看到各种车辆的司机几乎是人手一个蓝牙耳机，国内目前也正在逐渐形成同样的一个氛围。随着交通法规的完善，人民生活水平以及素质的提高，蓝牙耳机也会随着手机一同普及。

当然，蓝牙应用并不仅限于免提通话，现在各大手机厂商和蓝牙设备厂商也开始推出用于无线音乐的立体声蓝牙耳机。有了立体声蓝牙耳机，可以摆脱线的束缚，并且蓝牙耳机还没有有线耳机的接口限制，即便是您换了新手机也可以继续使用原来的蓝牙耳机，完全不需要额外购入任何新设备。

蓝牙技术最初仅被设想为用于耳机和手机之间的数据传输，然而消费者不断上升的使用需求让蓝牙技术的应用更加多元化，逐步渗透到电子游戏、电脑备件和医疗领域。十年来，蓝牙技术深受欢迎，蓝牙技术联盟更是由寥寥五名成员成长为万人大家庭。玩游戏、听音乐、结交新朋、与朋友共享照片，越来越多的消费者能够方便即时地享受各种娱乐活动，而又不想再忍受电线的束缚。如图 3.12 所示。

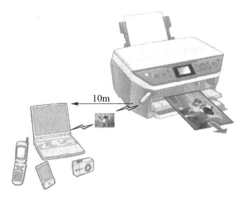

图 3.12　蓝牙技术在实际生活中的应用

3.3.8　蓝牙技术对未来的影响

2001 年，对蓝牙工业来说是一个重要的转折点，蓝牙特殊兴趣小组公布了较为稳定的技术规范 1.1 版，许多开发商发布了他们的第一代蓝牙产品，而蓝牙最初的商业化应用也浮出水面，针对广大消费者的大范围市场推广即将被启动。现在，蓝牙已不再是一项虚拟的技术，也不再停留在理论的标准规范上。蓝牙无线技术对我国的信息化建设来说，既是挑战也是机遇。

作为一种短距离无线通信技术，蓝牙可以将通信、个人电脑、网络、工业、自动化和家用电器等通过语音或数据联接在一起，距离可以达到 10m，甚至 100m。蓝牙技术的优势就在于它使用户从纷繁复杂的连线中解放出来，商家和客户可以更简单灵活地实现同步通信，同时也更有利于在同事、朋友或办公网络中建立更快速便捷的联络。一项新技术的出现，人们对它抱的期望值往往很高，往往短期内不能令人满意，这是因为任何新技术的发展都需要有一个过程，蓝牙技术也不例外；技术标准统一，知识产权共享的优势是非常明显的，相信通过业界的共同努力，它未来的发展是不可限量的，从长远来看可能会超出人们的想象。

3.4　无线 WiFi 技术

其主要特性为：速度快，可靠性高，在开放性区域，通信距离可达 305m，在封闭性区域，通信距离为 76m 到 122m，方便与现有的有线以太网络整合，组网的成本更低。

无线保真技术（WiFi Wireless Fidelity）与蓝牙技术一样，同属于在办公室和家庭中使用的短距离无线技术。该技术使用的是 2.4GHz 附近的频段，该频段目前尚属没用许可的无线频段。其目前可使用的标准有两个，分别是 IEEE802.11a 和 IEEE802.11b。

3.4.1　WiFi 技术突出的优势

其一，无线电波的覆盖范围广，基于蓝牙技术的电波覆盖范围非常小，半径大约只有 50ft，约合 15m，而 WiFi 的半径则可达 300ft 左右，约合 100m，办公室自不用说，就是在整栋大楼中也可使用。

其二，虽然由 WiFi 技术传输的无线通信质量不是很好，数据安全性能比蓝牙差一些，传输质量也有待改进，但传输速度非常快，可以达到 11Mbps，符合个人和社会信息化的需求。

其三，厂商进入该领域的门槛比较低。厂商只要在机场、车站、咖啡店、图书馆等人员较密集的地方设置"热点"，并通过高速线路将因特网接入上述场所。这样，由于"热点"所发射出的电波可以达到距接入点半径数十米至 100m 的地方，用户只要将支持无线 LAN 的笔记本电脑或 PDA 拿到该区域内，即可高速接入因特网。也就是说，厂商不用耗费资金来进行网络布线接入，从而节省了大量的成本。

根据无线网卡使用的标准不同，WiFi 的速度也有所不同。其中 IEEE802.11b 最高为 11Mbps，IEEE802.11a 为 54Mbps、IEEE802.11g 也是 54Mbps。

WiFi 是由 AP（Access Point）和无线网卡组成的无线网络。AP 一般称为网络桥接器或接入点，它是当作传统的有线局域网络与无线局域网络之间的桥梁，因此任何一台装有无线网卡的 PC，均可透过 AP 去分享有线局域网络甚至广域网络的资源，其工作原理相当于一个内置无线发射器的 HUB 或者是路由，而无线网卡则是负责接收由 AP 所发射信号的 CLIENT 端设备。按照其速度与技术的新旧可分为 802.11a、802.11b、802.11g。

新一代的无线网络，将以无需布线和使用相对自由，建立起人们对无线局域网的全新感受。WiFi 发挥了至关重要的作用。其数据传输速率可以达到 11Mbps，也可根据信号强弱把传输速率调整为 5.5Mbps、2Mbps 和 1Mbps 带宽。直线传播传输范围为室外最大 300m，室内有障碍的情况下最大 100m，是现在使用的最多的传输协议。

与有线网络比，WiFi 有许多优点。

① 无需布线　WiFi 最主要的优势在于不需要布线，可以不受布线条件的限制，因此非常适合移动办公用户的需要，具有广阔市场前景。目前它已经从传统的医疗保健、库存控制和管理服务等特殊行业向更多行业拓展开去，甚至开始进入家庭以及教育机构等领域。

② 健康安全　IEEE802.11 规定的发射功率不可超过 100mW，实际发射功率约 60～70mW，手机的发射功率约 200mW 至 1W 间，手持式对讲机高达 5W，而且无线网络使用方式并非像手机直接接触人体，应该是绝对安全的。

③ 简单的组建方法　一般架设无线网络的基本配备就是无线网卡及一台 AP，如此便能以无线的模式，配合既有的有线架构来分享网络资源，架设费用和复杂程序远远低于传统的有线网络。如果只是几台电脑的对等网，也可不要 AP，只需要每台电脑配备无线网卡。特别是对于宽带的使用，WiFi 更显优势，有线宽带网络（ADSL、小区 LAN 等）到户后，连接到一个 AP，然后在电脑中安装一块无线网卡即可。普通的家庭有一个 AP 已经足够，甚至用户的邻里得到授权后，则无需增加端口，也能以共享的方式上网。

④ 长距离工作　别看无线 WiFi 的工作距离不大，在网络建设完备的情况下，802.11b 的真实工作距离可以达到 100m 以上，而且解决了高速移动时数据的纠错问题、误码问题，WiFi 设备与设备、设备与基站之间的切换和安全认证都得到了很好的解决。

总而言之，家庭和小型办公网络用户对移动连接的需求是无线局域网市场增长的动力，虽然到目前为止，美国、日本等发达国家仍然是目前 WiFi 用户最多的地区，但随着电子商务和移动办公的进一步普及，廉价的 WiFi，必将成为那些随时需要进行网络连接用户的必然之选。

WiFi 技术的商用目前碰到了许多困难。一方面是受制于 WiFi 技术自身的限制，比如其漫游性、安全性和如何计费等都还没有得到妥善的解决；另一方面，由于 WiFi 的赢利模式不明确，如果将 WiFi 作为单一网络来经营，商业用户的不足会使网络建设的投资收益比较低。虽然 WiFi 技术的商用在目前碰到了一些困难，但这种先进的技术也不可能包办所有功能的通信系统。可以说只有各种接入手段相互补充使用才能带来经济性、可靠性和有效性。因而，它可以在特定的区域和范围内发挥对 3G 的重要补充作用，WiFi 技术与 3G 技术相结合将具有广阔的发展前景。

3.4.2 WiFi 与其他通信方式结合

（1）WiFi 是高速有线接入技术的补充

目前，有线接入技术主要包括以太网、XDSL 等。WiFi 技术作为高速有线接入技术的补充，具有为可移动性、价格低廉的优点，WiFi 技术广泛应用于有线接入需无线延伸的领域，如临时会场等。由于数据速率、覆盖范围和可靠性的差异，WiFi 技术在宽带应用上将作为高速有线接入技术的补充。现在 OFDM、MIMO（多入多出）、智能天线和软件无线电等，都开始应用到无线局域网中以提升 WiFi 性能，比如说 802.11n 计划采用 MIMO 与 OFDM 相结合，使数据速率成倍提高。另外，天线及传输技术的改进使得无线局域网的传输距离大大增加，可以达到几公里。

（2）WiFi 是蜂窝移动通信的补充

WiFi 技术的次要定位是蜂窝移动通信的补充。蜂窝移动通信可以提供广覆盖、高移动性和中低等数据传输速率，它可以利用 WiFi 高速数据传输的特点弥补自己数据传输速率受限的不足。而 WiFi 不仅可利用蜂窝移动通信网络完善的计费机制，而且可结合蜂窝移动通信网络广覆盖的特点进行多接入切换功能。这样就可实现 WiFi 与蜂窝移动通信的融合，使蜂窝移动通信的运营锦上添花，进一步扩大其业务量。

（3）WiFi 是现有通信系统的补充。

无线接入技术则主要包括 IEEE 的 802.11、802.15 等标准。一般地说 WPAN 提供超近距离的无线高数据传输速率连接；WMAN 提供城域覆盖和高数据传输速率；WBMA 提供广覆盖、高移动性和高数据传输速率；WiFi 则可以提供热点覆盖、低移动性和高数据传输速率。

从当前 WiFi 技术的应用看，其中热点公共接入在运营商的推动下发展较快，但用户数少并缺乏有效的盈利模式，使 WiFi 呈现虚热现象。所以，WiFi 虽然是通信业中发展的新亮点，主要应定位于现有通信系统的补充。

3.4.3 家庭无线网络中 WiFi 的实现

为了实现家庭内部网络与外部 Internet 相连互通，在家庭内网和外部 Internet 之间需要一个家庭网关。该网关是整个家庭无线网络系统的核心部分，它一方面完成家庭无线网络中各种不同通信协议之间的转换和信息共享，并且同外部网络进行数据交换；另一方面还负责对家庭中网络终端进行管理和控制。家庭中的网络终端也通过这个网关与外部网络连通。实现交互和信息共享。同时，该网关还应有防火墙能力，能够避免外界网络对家庭内部网络终端设备的非法访问和攻击。家庭网关启动后，完成系统的初始化，并加载相关的服务。将接收到的用户的控制或查询命令进行处理，程序将命令转换成为报文，通过 WiFi 模块发送给网络中的信息家电或控制设备。同时，家庭网关还通过 WiFi 来接收信息家电的当前状态信息，通过处理后将其反馈给控制设备，以便用户使用。

3.5 移动通信技术

3.5.1 移动通信发展史

（1）第二代移动通信系统（2G）

20 世纪 80 年代中期至世纪末，是 2G 这样的数字蜂窝移动通信系统逐渐成熟和发展的时期。由于模拟蜂窝移动通信系统存在频谱利用率低、费用高、通话易被窃听、业务种类受限、系统容量低等问题，主要还是系统容量已不能满足日益增长的移动用户需求。为了解决这些问题，推出了新一代数字蜂窝移动通信系统（2G）。

数字蜂窝移动通信系统（2G）主要采用的是数字的时分多址（TDMA）技术和码分多址（CDMA）技术。全球主要有 GSM 和 CDMA 两种体制。CDMA 标准是美国提出的。GSM 技术标准是欧洲提出的，目前全球绝大多数国家使用这一标准。

1982 年，欧洲成立泛欧移动通信组织（Group Special Mobile，GSM，之后改称为全球移动通信系统，Global Standard for Mobile Communications，GSM），于 1983 年开始开发 GSM。欧洲 1992 年提出了第一个数字蜂窝网络标准 GSM（Global Standard for Mobile Communications），它基于时分多址（Time Division Multiple Access，TDMA）方式。1991 年 7 月，GSM 系统在德国首次部署，它是世界上第一个数字蜂窝移动通信系统。我国移动通信也主要是 GSM 体制。

第二代移动通信主要业务是语音，其主特性是提供数字化的话音业务及低速数据业务。第二代移动通信替代第一代移动通信系统完成模拟技术向数字技术的转变，但由于第二代采用不同的制式，移动通信标准不统一，用户只能在同一制式覆盖的范围内进行漫游，因而无法进行全球漫游，由于第二代数字移动通信系统带宽有限，限制了数据业务的应用，也无法实现高速率的业务，如移动的多媒体业务。

2G 网络就改造升级成为了所谓的 2.5G（GPRS）、2.75G（EDGE）网络，使 GSM 与计算机通信/Internet 有机相结合，数据传送速率大幅提升，从而使 GSM 功能得到不断增强，初步具备了支持多媒体业务的能力，实际应用基本可以达到拨号上网的速度，因此可以发送图片、收发电子邮件等。图 3.13 为传统 2G 手机的图片。

尽管 2G 技术在发展中不断得到完善，但随着用户规模和网络规模的不断扩大，频率资源已接近枯竭，语音质量不能达到用户满意的标准，数据通信速率太低，无法在真正意义上满足移动多媒体业务的需求。

（2）第三代移动通信系统（3G）

20 世纪 90 年代末开始是第三代移动通信技术（3G）发展和应用阶段，同时 4G 移动通信也进入了研究阶段。1999 年基本确立了第三代移动通信的 3 种主流标准，即欧洲和日本提出的宽带码分多址（WCDMA），美国提出的多载波码分复用扩频调制（CDMA2000），中国提出的时分同步码分多址接入（TD-SCDMA）。

3G 将有更宽的带宽，更高的传输速率。3G 系统采用 CDMA 技术和分组交换技术，而不是 2G 系统通常采用的 TDMA 技术和电路交换技术。在业务和性能方面，3G 不仅能传输语音，还能传输数据，提供高质量的多媒体业务，如可变速率数据、移动视频和高清晰图像等多种业务，实现多种信息一体化，从而提供快捷、方便的无线应用，如无线接入 Internet。3G 还具有低成本、优质服务质量、高保密性及良好的安全性能等特点。

但是，第三代移动通信系统的通信标准共有 WCDMA、CDMA2000 和 TD-SCDMA 三大分支，共同组成一个 IMT-2000 家庭，成员间存在相互兼容的问题，因此已有的移动通信系统不是真正意义上的个人通信和全球通信；再者，3G 的频谱利用率还比较低，不能充分地利用宝贵的频谱资源；3G 支持的速率还不够高等。这些不足点远远不能适应未来移动通信发展的需要，因此寻求一种既能解决现有问题，又能适应未来移动通信的需求的新技术是必要的。图 3.14 为智能 3G 手机的图片。

（3）第四代移动通信系统（4G）

20 世纪末，4G 的研究就已经开始了，到现在已过去十几年。各个大国（如中国、欧洲、美国、日本等）通信技术规范机构相互之间在移动通信技术之间的竞争也越来越激烈了。为了保证 3G 移动通信的持续竞争力，满足市场对高数据业务、多媒体业务等新需求，同时让 3G 技术具有与其他技术竞争的实力。目前有三种方案成为 4G 的标准备选方案，分别是 3GPP 的 LTE、3GPP2 的 UMB 以及 IEEE 的移动 WiMAX，其中最被产业界看好的是 LTE。LTE、UMB 和移动 WiMAX 虽然各有差别，但是它们也有一些相同之处，3 个系统都采用 OFDM 和 MIMO 技术以提供更高的频谱利用率。图 3.15 所示为移动通信技术演进路线。

图 3.13　传统的 2G 手机

图 3.14　智能 3G 手机

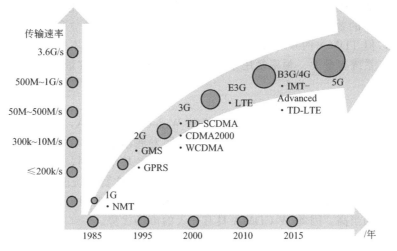

图 3.15　移动通信技术演进路线

3.5.2　3G 移动通信技术

（1）3G 简介

3G 是第三代移动通信技术的简称，是指支持高速数据传输的蜂窝移动通信技术。3G 服务能够同时传送声音（通话）及数据信息（电子邮件、即时通信等），代表特征是提供高速数据业务。其实，早在 2007 年国外就已经产生 3G 了，而中国也于 2008 年成功开发出中国 3G。相对第一代模拟制式手机（1G）和第二代 GSM，CDMA 等数字手机（2G），第三代手机（3G）一般是指将无线通信与国际互联网等多媒体通信结合的新一代移动通信系统。1995 年问世的第一代手机只能进行语音通话；1996～1997 年出现的第二代数字手机便增加了接收数据的功能，如接受电子邮件或网页。3G 与 2G 的主要区别是在传输声音和数据的速度上的提升，它能够在全球范围内更好地实现无线漫游，并处理图像、音乐、视频流等多种媒体形式，提供包括网页浏览、电话会议、电子商务等多种信息服务，同时也要考虑与已有第二代系统的良好兼容性。为了提供这种服务，无线网络必须能够支持不同的数据传输速度，也就是说在室内、室外和行车的环境中能够分别支持至少 2Mbps（兆比特/每秒）、384Kbps（千比特/每秒）以及 144Kbps 的传输速度。

3G 是第三代通信网络，目前国内不支持除 GSM 和 CDMA 以外的网络，GSM 设备采用的是频分多址，而 CDMA 使用码分扩频技术，先进功率和话音激活至少可提供大于 3 倍 GSM 网络容量，业界将 CDMA 技术作为 3G 的主流技术，国际电信联盟确定 3 个无线接口标准，分别是 CDMA2000、WCDMA、TD-SCDMA，也就是说国内 CDMA 可以平滑过渡到 3G 网络，3G 主要特征是可提供移动宽带多媒体业务。

3G 的核心应用包括宽带上网、视频通话、手机电视、无线搜索、手机音乐、手机购物、手机网游等。

（2）3G 的标准

3G 标准：它们分别是 WCDMA（欧洲版）、CDMA2000（美国版）和 TD-SCDMA（中国版）。国际电信联盟（ITU）在 2000 年 5 月确定 WCDMA，CDMA2000，TD-SCDMA 以及 WiMAX 四大主流无线接口标准，写入 3G 技术指导性文件《2000 年国际移动通信计划》（简称 IMT-2000）。CDMA 是 Code Division Multiple Access（码分多址）的缩写，是第三代移动通信系统的技术基础。第一代移动通信系统采用频分多址（FDMA）的模拟调制方式，这种系统的主要缺点是频谱利用率低，信令干扰话音业务。第二代移动通信系统主要采用时分多址（TDMA）的数字调制方式，提高了系统容量，并采用独立信道传送信令，使系统性能大大改善，但 TDMA 的系统容量仍然有限，越区切换性能仍不完善。CDMA 系统以其频率规划简单、系统容量大、频率复用系数高、通信质量好、软容量、软切换等特点显示出巨大的发展潜力。

下面分别介绍一下 3G 的几种标准。

① W-CDMA。也称为 WCDMA，全称为 Wideband CDMA，也称为 CDMA Direct Spread，意为宽频分码多重存取，这是基于 GSM 网发展出来的 3G 技术规范，是欧洲提出的宽带 CDMA 技术，它与日本提出的宽带 CDMA 技术基本相同，目前正在进一步融合。W-CDMA 的支持者主要是以 GSM 系统为主的欧洲厂商，这套系统能够架设在现有的 GSM 网络上，对于系统提供商而言可以较轻易地过渡。在 GSM 系统相当普及的亚洲，对这套新技术的接受度会相当高。因此 W-CDMA 具有先天的市场优势。

WCDMA 其核心网络的主要特点就是重视从 GSM 网络向 WCDMA 网络的演进，这是由于 GSM 的巨大商业成功造成的，这种演进是以 GPRS 技术作为中间承接的。

为了适应商用化和技术发展的需要，保证网络运营商的投资，WCDMA 标准分成了 Release99、Release4、Release5。

② CDMA2000。CDMA2000 是由窄带 CDMA（CDMA IS95）技术发展而来的宽带 CDMA 技术，也称为 CDMAMulti-Carrier，它是由美国高通北美公司为主导提出，摩托罗拉、Lucent 和后来加入的韩国三星都曾参与，韩国现在成为该标准的主导者。这套系统是从窄频 CDMAOne 数字标准衍生出来的，可以从原有的 CDMAOne 结构直接升级到 3G，建设成本低廉。但目前使用 CDMA 的地区只有日、韩和北美，所以 CDMA2000 的支持者不如 W-CDMA 多。不过 CDMA2000 的研发技术却是目前各标准中进度最快的，该标准提出了从 CDMA IS95（2G）-CDMA20001x-CDMA20003x（3G）的演进策略。CDMA20001x 被称为 2.5 代移动通信技术。CDMA20003x 与 CDMA20001x 的主要区别在于应用了多路载波技术，通过采用三载波使带宽提高。中国电信正在采用这一方案向 3G 过渡。

CDMA2000 系统中有以下几项关键技术。

a. 信道估计与多径分集接收技术　与其他通信信道相比，移动通信信道是最为复杂的一种。多径衰落和复杂恶劣的电波环境是移动通信信道的特征,这是由运动中进行无线通信这一方式本身所决定的。这种衰落现象将严重恶化接收信号的质量,影响通信的可靠性。为了有效地克服衰落带来的不利影响,必须采用各种抗衰落技术,包括分集接收技术、均衡技术和纠错编码技术等。分集接收技术是指接收机能够同时接收到多个输入信号,这些输入信号荷载相同的信息而且遭受的衰落互不相关。接收机分别解调这些信号,并且按照一定的规则进行合并,从而大大降低信道衰落的影响。

b. 高效的信道编译码技术 在 CDMA2000 系统中,由于传输信道的容量远大于单个用户的信息量,所以特别适于采用高冗余度的前向纠错编码技术。其上行链路和下行链路中均采用了比 IS-95 系统中码率更低的卷积编码,同时采用交织技术将突发错误分散成随机错误,两者配合使用,从而更加有效地对抗移动信道中的多径衰落。

c. 功率控制技术 在 CDMA2000 系统中,一方面,许多移动台公用相同的频段发射和接收信号,近地强信号抑制远地弱信号的可能性很大,称为"远近效应";另一方面,各用户的扩频码之间存在着非理想的相关特性,通信容量主要受限于同频干扰。在不影响通信的情况下,尽量减少发射信号的功率,通信系统的总容量才能相应地达到最大,CDMA 系统的主要优点才能得以实现。因此,功率控制是 CDMA2000 系统中最为重要的关键技术之一。

d. 同步技术 同步技术历来是数字通信系统中的关键技术。同步电路如果失效,将严重影响系统的性能,甚至导致整个系统瘫痪。CDMA2000 系统采用与 IS-95 系统相类似的初始同步技术,即通过对导频信道的捕获建立 PN 码的同步和符号同步,通过对同步信道的接收建立帧同步和扰码同步。

e. 前向发射分集技术 如果可能,通信系统应该综合利用各种分集接收方法(包括时间分集、频率分集和空间分集等)来抵抗衰落对信号的影响,以保证高质量的通信性能。但是,实际情况并非总是如此。例如,在慢衰落信道中,时间分集技术在对时延敏感的应用场合下就不再适用;当时延扩展很小时,频率分集技术也将不再适用。目前,基站可以采用双天线或多天线实现空间分集接收,但这对于移动台是难以实现的。由于移动台的尺寸所限,多天线之间的电磁兼容和多路射频转换等问题将难以解决。基于以上原因,CDMA2000 系统采用了前向发射分集技术。

③ TD-SCDMA。全称为 Time Division-Synchronous CDMA(时分同步 CDMA),该标准是由中国大陆独自制定的 3G 标准,TD-SCDMA 具有辐射低的特点,被誉为绿色 3G。该标准将智能无线、同步 CDMA 和软件无线电等当今国际领先技术融于其中,在频谱利用率、对业务支持具有灵活性、频率灵活性及成本等方面具有独特优势。另外,由于中国内地庞大的市场,该标准受到各大主要电信设备厂商的重视,全球一半以上的设备厂商都宣布可以支持 TD-SCDMA 标准。该标准提出不经过 2.5 代的中间环节,直接向 3G 过渡,非常适用于 GSM 系统向 3G 升级。军用通信网也是 TD-SCDMA 的核心任务。

TD-SCDMA 采用的关键技术及技术特点:在 TD-SCDMA 为时分复用同步码分多址接入系统,无线传输方案综合了 FDMA、TDMA 和 CDMA 等多种多址方式。TD-SCDMA 系统采用了时分双工、智能天线、上行同步、多小区联合检测、动态信道配置、接力切换等关键技术。

(3) 3G 技术对现代生活的有利影响

① 手机互联网化,互联网手机化。由于 3G 能提供更快的数据传输速率,使得在互联网上能干的事情在手机上均可实现,这就是所谓的手机互联网化,或者说是互联网手机化。例如,我们可以使用"手机电视"清晰顺畅收看精彩节目、赛事,随时点播高清晰度的视频和音频节目,还可随时控制点播的进度;利用"手机邮箱",随时随地收发邮件;使用手机可以玩网络游戏;使用手机可以进行地图搜索、定位;打电话可以看到对方,也就是我们说的

可视电话，同时也可把可视电话打到通过宽带接入互联网的 PC（个人电脑）终端上，完全实现"无缝"连接；有了 3G，朋友可以形成一个手机联络社区，无论在天南海北，都可以定时会晤；使用"电子钱包"缴纳水费电费实现真正足不出户；手机账单查询，使消费一目了然。再如手机可以进行远程教学、家教服务；只要安装摄像头，通过手机能把幼儿园等场所的图像实时传输等都可以完成。

② 办公移动化，随时随地高速无线上网。3G 通信使得办公移动化。其新增值业务"全球眼"网络视频监控业务，将会广泛应用于各行各业，如环保行业能实时监测排污状况，监控环境污染情况；如公路交通行业，高速公路各出入口的收费情况及收费站的图像传输；该相关部门人员只要使用手机，就能实时视频监控；"视频会议"功能可实现多方视频通话，通过手机终端就能召开，参加会议的人员通过手机终端通话，同时也能看到所有参会者的视频图像；3G 使办公自由移动化，随时随地都能高速上网收发邮件或者处理办公事务。

③ 3G 更绿色更环保，辐射更小，资费更低。3G 的辐射是低于 2G 时代的。2G 基站基本上都是在一个范围内持续发射的，但 3G 采用的是智能天线技术，有指向性波束，你不打电话这个波束并不指向你，只维持一个很低的技术信号，让手机感受到信号存在。你打电话我才有信号指向你，而且这个信号只指向你，不指向别人，所以在整个区域相对辐射是低的。它如果不发射，辐射量只有原来的十分之一。所以我们说 3G 更绿色，辐射更小，更安全。

还有就是 3G 的资费更低。虽然目前 3G 手机制造成本是第二代移动通信手机制造成本的 120% 左右，但就手机最普遍使用的话音成本来说，3G 话音成本是当前第二代移动通信话音成本的 50% 左右，话音资费必定进一步降低。此外，在此前的 2G 时代，由于核心技术全部掌握在外国公司手中，我们已向外国人交纳了高达 7500 多亿元的专利使用费，这么高的成本，自然使得话费居高不下，难以惠及百姓。但 3G 时代，几家运营商都在搞手机，竞争激烈了，话费自然会降。TD 是中国人拥有知识产权的技术，再也无需向国外交纳巨额专利费，因此，手机资费有望"相当便宜"。TD 标准便宜，也肯定会拉下 CDMA2000、WCDMA 两个技术标准的收费水平。从国内一些城市试运营的资费看，每月花不到百元可享受近 10 个小时的免费通话和 10 小时的手机上网，市内电话 2 角钱上下。

④ 3G 的其他影响。只要在家里安装摄像头，你随时可以用手机查看门是否锁好了，电视机是否关了，出差也可以进行长距离的监测等。出门可以不带钥匙、不带钱，可以通过手机进行支付。可以通过 3G 手机远程遥控冰箱、电饭煲、打开家里的洗衣机，用冰箱开始化冻食品，打开电视机机顶盒记录正在直播的体育节目。还可以合法跟踪、高精度的紧急呼救等。外出旅游时，用户不需要提前预订旅馆，只要通过 3G 手机，就可以获得该城市包括旅馆空房情况在内的最新信息。订单确认后，用户还可以用 3G 手机浏览当地旅游景点的视频片断，并可同时与导游对旅游路线进行交谈。

（4）3G 技术在使用中存在的问题

以上说了 3G 技术给我们的工作和生活带来的各种各样的好处，但还是存在一些问题。比如：

① 覆盖范围太小，满足不了部分用户的需求，多厂商系统之间的互联互通、不同终端与系统之间的互联互通，2G 与 3G 之间的漫游及切换等问题在实验室里尚不能很好地解决；

② 手机终端缺乏，可选择余地小，不同品牌终端间的互联互通有问题；

③ 手机电池待机时间太短，造成使用不便；一方面要计划开发高效的锂电池；同时要能够通过对终端的整体设计，加强对电源管理系统的研发，降低功耗。

此外还有新问题产生，比如信息安全性问题，垃圾广告、非法信息和黄色信息以及暴力等不良信息的传播的问题，都是急需解决的。

3.5.3 4G 移动通信技术

移动通信技术经历了从 1G~3G 的 3 个主要发展阶段。每一代的发展都是技术的突破和观念的创新。不仅传输语音，还能传输高速数据，从而提供快捷方便的无线应用。然而，仍无法满足多媒体通信的要求，因此，第四代移动通信系统（4G）的研究随之应运而生。

(1) 4G 通信的关键技术

① 正交频分复用技术（OFDM）。第 3 代移动通信主要采用码分多址 CDMA 技术，而正交频分复用（Orthogonal Frequency Division Modulation，OFDM）技术，因具有频谱利用率高、抗多径衰落能力强等优点，受到越来越广泛的关注，并已成功地应用到高速率数字用户线（HDSL）、不对称数字用户线（ADSL）、高清晰度数字电视（HDTV）、无线局域网络标准 802.11a，数字视频广播（DVB-T）以及固定本地无线接入系统中。可以预见 4G 中将采用 OFDM 技术作为主要的传输方式。

OFDM 技术的主要思路就是在频域内将给定信道分成许多窄的正交子信道，在每个子信道上使用一个子载波进行调制，并且各子载波并行传输，因此可以大大消除信号波形间的干扰。OFDM 还可以在不同的子信道上自适应地分配传输负荷，这样可优化总的传输速率。OFDM 技术还能对抗频率选择性衰落或窄带干扰。在 OFDM 系统中由于各个子信道的载波相互正交，于是它们的频谱是相互重叠的，这样不但减小了子载波间的相互干扰，同时又提高了频谱利用率。OFDM 是 4G 系统最为合适的多址方案，因此，OFDM 技术已基本被公认为 4G 的核心技术之一。

② 无线定位技术。无线定位是指利用无线电信号测量和计算一个移动终端所在的地理位置。4G 系统中将利用现有的无线通信网络实现无线定位，以确保移动终端在不同系统间无缝连接和高速高质量通信。主要有基于移动台定位 MS（Mobile Station，MS）、基于网络定位和基于移动台与网络混合（又称移动台辅助）定位。

③ 智能天线（SA）技术。智能天线具有抑制信号干扰、自动跟踪以及数字波束调节等智能功能，被认为是未来移动通信的关键技术。智能天线成形波束能在空间域内抑制交互干扰，增强特殊范围内想要的信号，这种技术既能改善信号质量又能增加传输容量，其基本原理是在无线基站端使用天线阵和相关无线收发信机来实现射频信号的接收和发射。同时通过基带数字信号处理器，对各个天线链路上接收到的信号按一定算法进行合并，实现上行波束赋形。目前智能天线的工作方式主要有两种：全自适应方式和基于多波束的波束切换方式。

④ 软件无线电技术。软件无线电 SDR（Software Defined Radio，SDR）将模块化的、标准化的硬件单元以总线方式连接成基本平台，采用数字信号处理技术，在通用的可编程控制平台上，通过加载不同的软件来定义实现无线电台的各部分功能，如工作频段、调制解调类型、数据格式、加密模式、通信协议等．软件无线电技术的核心思想是：将宽带 A/D/A 变换器尽可能地靠近射频天线，以便将接收到的模拟信号尽可能早地转化成数字化，通过高速的可编 DSP 器件，最大限度地利用软件定义和实现通信系统的各种功能．软件无线电具有以下特点：

a. 灵活性　可以通过软件编程的方式改变工作模式。所以可方便地改变信道的接入方式和调制方式或接收不同系统的信号；

b. 集中性　多个信道享有共同的射频前端和宽带 A/D/A 转换器以获取每一信道的廉价的信号处理性能；

c. 模块化　模块的接口技术指标符合开放标准，在硬件技术发展时，允许更换单个模块。

在 4G 移动通信系统中，将利用软件无线电技术实现对各种移动平台、移动通信设备之间的无缝集成，在很大程度上节省了投资成本。

⑤ IPv6 协议技术。3G 网络采用的主要是蜂窝组网，而 4G 系统将是一个基于全 IP 的移动通信网络，可以实现不同类型的接入系统和通信网络之间的无缝互连。为了给用户提供更为广泛的业务，使运营商管理更加方便、灵活，4G 中将取代现有的 IPv4 协议，采用全分组方式传送数据的 IPv6 协议。

(2) 4G 通信技术的主要优势

如果说 2G、3G 通信对于人类信息化的发展是足以称道的话，那么未来的 4G 通信却给了我们真正的沟通自由，并将彻底改变我们的生活方式甚至社会形态。目前正在研究中的 4G 通信具有以下的特征。

① 通信速度更快。由于人们研究 4G 通信的最初目的就是提高蜂窝电话和其他移动装置无线访问因特网的速率，因此 4G 通信给人印象最深刻的特征莫过于它具有更快的无线通信速度。从移动通信系统数据传输速率作比较，第一代模拟式仅提供语音服务；第二代移动通信系统数据传输速率只有 9.6Kb/s，最高可达 32Kb/s；而第三代移动通信系统数据传输速率可达到 2Mb/s；第四代移动通信系统可以达到 10Mb/s 至 20Mb/s，甚至最高可以达到 100Mb/s。

② 网络频谱更宽。要想使 4G 通信达到 100Mb/s 的传输，通信营运商必须在 3G 通信网络的基础上，进行大幅度的改造和研究，以便使 4G 网络在通信带宽上比 3G 网络的蜂窝系统的带宽高出许多。据 AT&T 公司研究 4G 通信的专家们说，估计每个 4G 信道将占有 100MHz 的频谱，相当于 W-CDMA 3G 网路的 20 倍。

③ 兼容性能更平滑。要使 4G 通信尽快地被人们接受，不但考虑它的功能强大外，还应该考虑到现有通信的基础，以便让更多的现有通信用户在投资最少的情况下就能很轻易地过渡到 4G 通信。因此，从这个角度来看，未来的第四代移动通信系统应当具备全球漫游，接口开放，能跟多种网络互联，终端多样化，以及能从第二代、第三代平稳过渡等特点。

④ 提供各种增值服务。4G 通信并不是从 3G 通信的基础上经过简单的升级而演变过来的，它们的核心技术根本就是不同的。3G 移动通信系统主要是以 CDMA 为核心技术，而 4G 移动通信系统技术则以正交频分复用技术（OFDM）最受瞩目，利用这种技术人们可以实现例如无线区域环路（WLL）、数字视频广播（DVB）、数字音信广播（DAB）等方面的无线通信增值服务。

⑤ 实现更高质量的多媒体通信。4G 通信系统提供的无线多媒体通信服务（包括语音、数据、影像等大量信息）通过宽频的信道传送出去，因此，第四代移动通信系统也称为"多媒体移动通信"。第四代移动通信不仅仅是为了应对用户数的增加，更重要的是，必须要应对多媒体的传输需求，当然还包括通信品质的要求。总而言之，首先必须可以容纳市场庞大的用户数、改善现有通信品质不良，以及达到高速数据传输的要求。

⑥ 通信费用更加便宜。由于 4G 通信不仅解决了与 3G 通信的兼容性问题，让更多的现有通信用户能轻易地升级到 4G 通信，而且 4G 通信引入了许多尖端的通信技术，这些技术保证了 4G 通信能提供一种灵活性非常高的系统操作方式，因此相对其他技术来说，4G 通信部署起来就容易、迅速得多；同时在建设 4G 通信网络系统时，通信营运商们将考虑直接在 3G 通信网络的基础设施之上，采用逐步引入的方法，这样就能够有效地降低运营者和用户的费用。4G 通信的无线即时连接等某些服务费用将比 3G 通信更加便宜。

第 4 章
数据管理层

4.1 云计算

4.1.1 云计算的概念

"云"就是计算机群,每一群包括了几十万台、甚至上百万台计算机。"云"的好处在于,其中的计算机可以随时更新,以保证"云"长生不老。这也就代表着"云"中的资源可以随时获取,按需使用,随时扩展,按使用付费。与以往的计算方式相比,它可以将计算资源集中起来,由软件实现自主管理,如此使得运算操作和数据存储的使用可以脱离用户机,从而摆脱一直以来"硬件决定性能"的局面。

云计算的资源共享最主要是建立在存储共享和计算共享的基础之上,而网络开发就是采用存储共享思想的典型。但网络的存储共享重在文件级,云计算的存储共享却可以达到数据级。

云计算的定义众多,目前广为认同的一点是,云计算是分布式处理、并行处理的发展,或者说是这些计算机科学概念的商业实现。如果对各种定义做出一定的分析的话,云计算对于大众来说是这样一个东西:只要有一台终端,不管是 PC、笔记本电脑还是手机、PDA 等设备,如果能够享用云计算的服务,那么将不用再为铺天盖地的病毒烦恼,不用频繁的下载系统漏洞补丁,不用为了安装应用软件而到处搜索,只需要连上网络,云就能够提供所有需要的服务。

云计算的基本原理是,通过使计算分布在大量的分布式计算机上,而非本地计算机或远程服务器中,企业数据中心的运行将更加与互联网相似。这使得企业能够将资源切换到需要的应用上,根据需求访问计算机和存储系统。这可是一种革命性的举措,它意味着计算能力也可以作为一种商品进行流通,就像煤气、水、电一样,取用方便,费用低廉。最大的不同在于,它是通过互联网进行传输的。在未来,只需要一台笔记本或者一部手机,就可以通过网络服务来实现我们需要的一切,甚至包括超级计算这样的任务。

企业的 IT 建设过程,以当前的基准来衡量,企业数据计算主要有以下三个阶段。

(1) 第一个阶段　大集中过程

这一过程将企业分散的数据资源、IT 资源进行了物理集中，形成了规模化的数据中心基础设施。在数据集中过程中，不断实施数据和业务的整合，大多数企业的数据中心基本完成了自身的标准化，使得既有业务的扩展和新业务的部署能够规划、可控，并以企业标准进行 IT 业务的实施，解决了数据业务分散时期的混乱无序问题。在这一阶段中，很多企业在数据集中后期也开始了容灾建设，特别是在雪灾、大地震之后，企业的容灾中心建设普遍受到重视，以金融为热点行业几乎开展了全行业的容灾建设热潮，并且金融行业的大部分容灾建设的级别都非常高，面向应用级容灾（数据零丢失为目标）。总的来说，第一阶段过程解决了企业 IT 分散管理和容灾的问题。

(2) 第二个阶段　实施虚拟化的过程

在数据集中与容灾实现之后，随着企业的快速发展，数据中心 IT 基础设施扩张很快，但是系统建设成本高、周期长，即使是标准化的业务模块建设，软硬件采购成本、调试运行成本与业务实现周期并没有显著下降。标准化并没有给系统带来灵活性，集中的大规模 IT 基础设施出现了大量系统利用率不足的问题，不同的系统运行在独占的硬件资源中，效率低下而数据中心的能耗、空间问题逐步突显出来。因此，以降低成本、提升 IT 运行灵活性、提升资源利用率为目的的虚拟化开始在数据中心进行部署。虚拟化屏蔽了不同物理设备的异构性，将基于标准化接口的物理资源虚拟化成逻辑上也完全标准化和一致化的逻辑计算资源（虚拟机）和逻辑存储空间。虚拟化可以将多台物理服务器整合成单台，每台服务器上运行多种应用的虚拟机，实现物理服务器资源利用率的提升，由于虚拟化环境可以实现计算与存储资源的逻辑化变更，特别是虚拟机的克隆，使得数据中心 IT 实施的灵活性大幅提升，业务部署周期可用数月缩小到一天以内。虚拟化后，应用以 VM 为单元部署运行，数据中心服务器数量可大为减少且计算能效提升，使得数据中心的能耗与空间问题得到控制。

总的来说，第二阶段过程提升了企业 IT 架构的灵活性，数据中心资源利用率有效提高，运行成本降低。

(3) 第三个阶段　云计算阶段

对企业而言，数据中心的各种系统（包括软硬件与基础设施）是一大笔资源投入。新系统（特别是硬件）在建成后一般经历 3～5 年即面临逐步老化与更换，而软件技术则不断面临升级的压力。另一方面，IT 的投入难以匹配业务的需求，即使虚拟化后，也难以解决不断增加的业务对资源的变化需求，在一定时期内扩展性总是有所限制。于是企业 IT 产生新的期望蓝图：IT 资源能够弹性扩展、按需服务，将服务作为 IT 的核心，提升业务敏捷性，进一步大幅降低成本。因此，面向服务的 IT 需求开始演化到云计算架构上。云计算架构可以由企业自己构建，也可采用第三方云设施，但基本趋势是企业将逐步采取租用 IT 资源的方式来实现业务需要，如同水力、电力资源一样，计算、存储、网络将成为企业 IT 运行的一种被使用的资源，无需自己建设，可按需获得。从企业角度，云计算解决了 IT 资源的动态需求和最终成本问题，使得 IT 部门可以专注于服务的提供和业务运营。

这三个阶段中，大集中与容灾是面向数据中心物理组件和业务模块，虚拟化是面向数据中心的计算与存储资源，云计算最终面向 IT 服务。这样一个演进过程，表现出 IT 运营模式的逐步改变，而云计算则最终根本改变了传统 IT 的服务结构，它剥离了 IT 系统中与企业核心业务无关的因素（如 IT 基础设施），将 IT 与核心业务完全融合，使企业 IT 服务能力与自身业务的变化相适应。在技术变革不断发生的过程中，网络逐步从基本互联网功能转换到 WEB 服务时代（典型的 WEB2.0 时代），IT 也由企业网络互通性转换到提供信息架构全面支撑企业核心业务。

① 标准化　公共技术的长期发展，使得基础组件的标准化非常完善，硬件层面的互通

已经没有阻碍（即使是非常封闭的大型机，目前也开始支持对外直接连接 IP 接口），大规模运营的云计算能够极大降低单位建设成本。

② **虚拟化与自动化**　虚拟化技术不断纵深发展，IT 资源已经可以通过自动化的架构提供全局动态调度能力，自动化提升了 IT 架构的伸缩性和扩展性。

③ **并行/分布式架构**　大规模的计算与数据处理系统已经在分布式、并行处理的架构上得到广泛应用，计算密集、数据密集、大型数据文件系统成为云计算的实现基础，从而要求整个基础架构具有更高的弹性与扩展性。

④ **带宽**　大规模的数据交换需要超高带宽的支撑，网络平台在 40G/100G 能力下可具备更扁平化的结构，使得云计算的信息交互以最短快速路径执行。

因此，从传统 Web 服务向云计算服务发展已经具备技术基础，而企业的 IT 从信息架构演进到弹性的 IT 服务也成为必然。

4.1.2　云计算的定义与基本模型

目前，云计算没有统一的定义，这也与云计算本身特征很相似。通常对云计算的定义是：云计算是一种基于互联网的计算新方式，通过互联网上异构、自治的服务，为个人和企业提供按需即取的计算。由于资源是在互联网上，而互联网通常以云状图案来表示，因此以云来类比这种计算服务，同时云也是对底层基础设施的一种抽象概念。云计算的资源是动态扩展且虚拟化的，通过互联网提供，终端用户不需要了解云中基础设施的细节，不必具有专业的云技术知识，也无需直接进行控制，只关注自身真正需要什么样的资源，以及如何通过网络来获得相应的服务。

云在当前具有的共同特征是：云是一种服务，类似水电一样，按需使用、灵活付费，使用者只关注服务本身。云计算理念认为云计算是一种新的 IT 服务模式，支持大规模计算资源的虚拟化，提供按需计算、动态部署、灵活扩展能力。用户对云资源的使用不用关注具体技术实现细节，只需关注业务的体验。比如当前被广泛使用的搜狗拼音输入法，它其实就是一种云服务：搜狗输入法能够以快速简单的方式为使用者提供需要的语境、备选的语素，使得文字的编排可以成为激发灵感的一个辅助工具；但是用户并不关注搜狗输入法在后台运行的数千台服务器提供的大型集群计算，这些工作都交给了 ISP。

对于云计算的分类，目前通常从以下两个维度进行划分。

（1）按服务的层次

云计算服务的基础层次是 IaaS（Infrastructure as a Service，基础架构服务）。在这一层面，通过虚拟化、动态化将 IT 基础资源（计算、网络、存储）形成资源池。资源池即是计算能力的集合，终端用户（企业）可以通过网络获得自己所需要的计算资源，运行自己的业务系统，这种方式使用户不必自己建设这些基础设施，而只是通过对所使用资源付费即可。

在 IaaS 之上是 PaaS（Platform as a Service，平台服务）层。这一层面除了提供基础计算能力，还具备了业务的开发运行环境，对于企业或终端用户而言，这一层面的服务可以为业务创新提供快速低成本的环境。

最上层是 SaaS（Soft as a Service，软件服务）。SaaS 可以说在云计算概念出现之前已经有了，而随着云计算技术的发展而得到了更好的支撑。SaaS 的软件是拿来即用的，不需要用户安装，因为 SaaS 真正运行在 ISP 的云计算中心，SaaS 的软件升级与维护也无需终端用户参与，SaaS 是按需使用软件，传统软件买了一般是无法退货的，而 SaaS 是灵活收费的，不使用就不付费。

层次化的云计算各层可独立提供云服务，下一层的架构也可以为上一层云计算提供支撑。仍以搜狗拼音为例，由大型服务器群、高速网络、存储系统等组成的 IaaS 架构为内部的业务开发部门提供基础服务，而内部业务开发系统在 IaaS 上构建了 PaaS，并部署运行搜狗拼音应用系统，这样一个大型的系统对互联网用户而言，就是一个大规模 SaaS 应用。

（2）按云的归属

主要分为公有云、私有云和混合云。公有云一般属 ISP 构建，面向公众、企业提供公共服务，由 ISP 运营；私有云是指由企业自身构建的为内部提供云服务；当企业既有私有云，同时又采用公共云计算服务，这两种云之间形成一种内外数据相互流动的形态，便是混合云的模式。

4.1.3 云计算的基础架构要求

从本质上来说，云计算是一种 IT 模式的改变，这种变化使得 IT 基础架构的运营专业化程度不断集中和提高，从而对基础架构层面提出更高的要求。云计算聚焦于高性能、虚拟化、动态性、扩展性、灵活性、高安全，简化用户的 IT 管理，提升 IT 运行效率，大幅节省成本。

云计算的基础架构主要以计算（服务器）、网络、存储构成，为满足云计算的上述要求，各基础架构层面都有自身的要求。对于服务器，云计算要求其支持更密集的计算能力（目前多路多核架构），完全的虚拟化能力（CPU 指令虚拟化、软件虚拟化、桥片虚拟化、I/O 虚拟化），多个 I/O（数据访问与存储）的整合。

4.1.4 构建与交付云计算

不论使用哪一层云计算服务，企业都需要考虑是采用 SP 的计算资源，还是自建云计算资源。从目前运营方式，主要可能有 6 种方式。

① 企业所有，自行运营。这是一种典型的私有云模式，企业自建自用，基础资源在企业数据中心内部，运行维护也由企业自己承担。

② 企业所有，运维外包。这也是私有云，但是企业只进行投资建设，而云计算架构的运行维护外包给服务商（也可以是 SP），基础资源依然在企业数据中心。

③ 企业所有，运维外包，外部运行。由企业投资建设私有云，但是云计算架构位于服务商的数据中心内，企业通过网络访问云资源，这是一种物理形体的托管型。

④ 企业租赁，外部运行，资源独占。由 SP 构建云计算基础资源，企业只是租用基础资源形成自身业务的虚拟云计算，但是相关物理资源完全由企业独占使用，这是一种虚拟的托管型服务（数据托管）。

⑤ 企业租赁，外部运行，资源共享调度。由 SP 构建，多个企业同时租赁 SP 的云计算资源，资源的隔离与调度由 SP 管理，企业只关注自身业务，不同企业在云架构内虚拟化隔离，形成一种共享的私有云模式。

⑥ 公共云服务。由 SP 为企业或个人提供面向互联网的公共服务（如邮箱、即时通信、共享容灾等），云架构与公共网络连接，由 SP 保证不同企业与用户的数据安全。从更长远的周期来看，云的形态会不断演化，从孤立的云逐步发展到互联的云。

在云计算建设初期，发展比较快的是公共云。

第一阶段：企业的数据中心依然是传统 IT 架构，但是面向互联网应用的公共云服务快速发展，不同的 ISP 会构建各自的云，这些云之间相互孤立，满足互联网的不同用户需求及服务（如搜索、邮件等），企业数据中心与公共云之间存在公网互联（企业可能会采用公共云服务）。

第二阶段：企业开始构建自己的私有云，或租赁 SP 提供的私有云服务，这一阶段是企业数据中心架构的变化，同时，企业为降低成本，采用公共云服务的业务会增加。

第三阶段：企业为进一步降低 IT 成本，逐步过渡到采用 SP 提供的虚拟私有云服务（也可能直接跨过第二阶段到第三阶段），存在企业内部云与外部云的互通，形成混合云模式。

第四阶段：由于成本差异和服务差异，企业会采用不同 SP 提供的云计算服务，因此，形成了一种不同云之间的互联形态，即互联云。

4.1.5 云计算技术的应用

（1）云计算在电力系统管理上的应用

随着全国电力系统互联的发展，现代电力系统正在演变成一个积聚大量数据和信息计算的系统。这样的发展给目前的系统运行及高级分析带来了巨大的困难：一方面，随着互联电网的扩大和具有更快采集速率的采集装置的出现，系统在线动态分析和控制所要求的计算能力将大大超过当前的实际配置。不断提高的数据量对信息系统的数据处理能力提出了更高的要求，需要更加快捷的数据处理技术。另一方面，由于各业务系统建设目标和建成年代不同，从规划到设计往往缺乏统一性考虑，众多的系统采集和积累了大量的电力系统运行、生产管理以及电力市场运营等方面的相关信息，但是系统间缺乏有效的信息交互，逐渐出现了信息交叠、信息资源浪费、信息兼容性差、重复开发、重复报表等一系列问题。

云计算是一种把分布在众多分布式计算机中的大量数据资源和处理器资源整合在一起协同工作的方法，针对电力系统当前面对的问题，将"云计算"引入电力系统，建立电力系统的云计算体系，在电力系统广域网络硬件不变的情况下，最大限度地整合当前系统的数据资源和处理器资源，极大提高电网数据的处理和交互能力，为智能电网提供有效的技术支持。

（2）云计算在电力仿真上的应用

云计算是一种网络应用模式，指计算资源像云一样广域分布、统一配置、协同工作的计算机集群工作方式。以信息化、自动化、互动化为特征的智能电网，将在发电、输电、变电、配电、用电和调度 6 个环节产生海量信息。云计算技术具有超大规模、高弹性计算能力、无限扩展存储能力、数据高安全性以及高性价比等特点，可为加强智能电网提供良好的数据存储和计算平台。

2010 年，第一个电力云仿真实验室在国网信息通信有限公司建成。该实验室以建设智能电网云计算中心为使命，重点开展电力云操作系统、电力云资源虚拟化管理平台及云计算在电力系统中的典型应用等研究与建设工作，为智能电网产生的海量信息提供计算和分析处理功能。

（3）基于云计算的智能电网高效通信网络

云技术和智能电网是下一代数据网络和下一代电网的代名词。智能电网是以信息革命的标准和技术手段大规模推动电网体系的革新和升级，建立消费者和电网管理者之间的互动，这其中的信息革命必然包含云技术的使用。通过建设基于云技术的高效通信网络服务于智能电网，必将使智能电网的水平提到新的高度。

4.1.6 云安全与管理

"云安全"从"云计算"兴起之时，"云安全"就已作为普遍质疑而存在。通常，用户都希望自己所存放的数据是私密的，而企业数据一般都有其机密性，可是把数据交给云计算服务商后，最具数据掌控权的已不再是用户本身，而是云计算服务商，虽然在理念上云计算服务商不应具备查看、修改、删除、泄露这些数据的权利，但实际操作中却具有这些操作的能力。如此一来，就不能排除数据被泄露出去的可能性。除了云计算服务商之外，还有大量黑客们窥视云计算数据，他们不停的发掘服务应用上的漏洞，打开缺口，获得自己想要的数据。然而一旦将缺口打开,就可能对相应的用户造成灾难性的破坏,尤其是有些服务商的服务只需一个账号便可打开所有程序和数据。像 Google 公司的泄密事件就是源于漏洞,由于 Google 采用的是单点登录模式,黑客进入用户 Gmail 之后,对其 doc 文档、电子表格、代码库等全部都可无限制访问。不幸的是,早有一部分黑客已利用了这些漏洞。

云计算资源规模庞大,服务器数量众多并分布在不同的地点,同时运行着数以百计的各种应用,如何有效地管理这些服务器,保证整个系统提供不间断的服务是巨大的挑战。云计算系统的平台管理技术能够使大量的服务器协同工作,方便地进行业务部署和开通,快速发现和恢复系统故障,通过自动化、智能化的手段实现大规模系统的可靠运营。

云计算的"服务的可用性、数据丢失、数据安全性和可审计性、数据传输瓶颈、性能不可预知性、可伸缩的存储、大规模分布式系统中的漏洞、快速伸缩、信誉危机、软件许可"等十大障碍和相应的技术发展机遇。

云存储相比传统的存储模式,具有投资少,容量大,方便快捷等众多优势,也是未来计算机存储模式的发展趋势,而其安全性是用户最关心的核心问题,也成为制约云存储发展的最大障碍。通过技术手段、用户安全意识的提高、云服务供应商安全设备和安全措施的部署到位及其可信赖的安全责任心,可以最大程度确保云存储的安全性。云储存是可行的,我们有理由相信在不久的未来,云存储将成为最主流、最安全的、最便捷的存储模式。

云计算目前是建立在 VM(虚拟机)技术之上的,然而 VM 技术虽然日趋成熟,但依然存在性能上的问题。特别是当多个 VM 之间相互竞争时,磁盘 I/O 会成为严重瓶颈。通过从硬件架构和操作系统上进行提升,同时引入闪存技术的方法,很具可行性。计算机在过去几十年的变化虽然很大,但其核心基本上都没有太大改变。VM 将是大势所趋,作为性能上最根本的问题——硬件和操作系统,其设计必将符合这个趋势而不断实现,因此云计算的性能问题也会在不久的将来逐一解决。

4.2 大数据

4.2.1 大数据的基本概念

(1) 大数据的发展历史

有史以来,处理各种不断增长的数据都是人类社会的难题。大数据的现代发展历史最早可追溯到美国统计学家赫尔曼·霍尔瑞斯,他为了统计 1890 年的人口普查数据,发明了一台电动机器来对卡片进行识别,该机器用一年就完成了预计需要八年的工作,促进全球进行数据处理的新起点。今天,智能手机、各种传感器、RFID(射频识别)标签、可穿戴式设备等实现无处不在的数据自动采集,为大数据时代的到来提供了物理基础。美国研究员大卫·埃尔斯沃斯和迈克尔·考克斯在 1997 年使用"大数据"来描述超级计算机产生超出主存储器的海量信息,数据集甚至突破远程磁盘的承载能力。

从 2004 年起,以脸谱网(Facebook)、推特(Twitter)为代表的社交媒体相继问世,互联网开始成为人们实时互动、交流协同的载体,全世界的网民都开始成为数据的生产者,引发了人类历史上迄今为止最庞大的数据爆炸。在社交媒体上产生的数据,大多是非结构化数据,处理更加困难。2012 年,乔治敦大学的教授李塔鲁考察了推特上产生的数据量,他做出估算说,过去 50 年,《纽约时报》总共产生了 30 亿个单词的信息量,现在仅仅一天,推特上就产生了 80 亿个单词的信息量。也就是说,如今一天产生的数据总量相当于《纽约时报》100 多年产生的数据总量。

1989年兴起的数据挖掘技术,是让大数据产生"大价值"的关键;2004年出现的社交媒体,则把全世界每个人都变成了潜在的数据生成器,这是"大容量"形成的主要原因。使人们不仅考虑机器的数据处理,而且在更广泛的领域发现大数据的意义,找到了更多的新用途和富有创见的新见解,不仅能够有效推动社会治理,还能产生商业价值。

从根本上对处理大规模信息的现实需求,推动了大数据相关技术的迅速发展,起初国家安全是大数据技术的主要推动力,伴随超级计算机的发明,大数据的存储和处理技术,以及大数据分析算法的研发,最终导致大数据在教育、金融、医疗等许多方面开始实施,广泛应用。

(2) 大数据的概念

① 大数据的定义。大数据这个术语最早用来表达批量处理或分析网络搜索索引产生的大量数据集。谷歌公开发布 MapReduce 和 Google File System (GFS) 之后,大数据不仅包含数据的体量,而且强调数据的处理速度。大数据包括各种互联网信息,更包括各种交通工具、生产设备、工业器材上的传感器,随时随地进行测量,不间断传递着海量的信息数据。利用新处理模式,大数据具有更强的决策力和洞察力,能够优化流程,实现高增长率,处理海量的多样化信息资产。大数据技术可以快速处理不同种类的数据,从中获得有价值的信息,处理速度快,只有快速才能起到实际用途。随着网络、传感器和服务器等硬件设施全面发展,大数据技术促使众多企业融合自身需求,创造出难以想象的经济效益,实现巨大的社会价值,商业价值高,各行各业利用大数据产生极大增值和效益,表现出前所未有的社会能力而绝不仅仅只是数据本身。所以,大数据可以定义为在合理时间内采集大规模资料、处理成为帮助使用者更有效决策的社会过程。

② 大数据的数据来源。大数据一般分为以下四类来源:互联网数据、科研数据、感知数据和企业数据。互联网大数据尤其社交媒体是近年大数据的主要来源,大数据技术主要源于快速发展的国际互联网企业。如以搜索著称的百度与谷歌的数据规模都已经达到上千 PB 的规模级别,而应用广泛影响巨大的脸谱、亚马逊、雅虎、阿里巴巴的数据都突破上百 PB。科研数据存在于具有极高计算速度且性能优越机器的研究机构,包括生物工程研究以及粒子对撞机或天文望远镜,如位于欧洲的国际核子研究中心装备的大型强子对撞机,在其满负荷的工作状态下每秒就可以产生 PB 级的数据。移动互联网时代,基于位置的服务和移动平台的感知功能,感知数据逐渐与互联网数据越来越重叠,但感知数据的体量同样惊人,并且总量不亚于社交媒体。企业数据种类繁杂,企业同样可以通过物联网收集大量的感知数据,增长极其迅猛,企业外部数据则日益吸纳社交媒体数据,内部数据不仅有结构化数据,更多是越来越多的非结构化数据,由早期电子邮件和文档文本等扩展到社交媒体与感知数据,包括多种多样的音频、视频、图片、模拟信号等。

③ 大数据的技术。大数据技术包括大数据科学、大数据工程和大数据应用。大数据工程指通过规划建设大数据并进行运营管理的整个系统;大数据科学指在大数据网络的快速发展和运营过程中寻找规律,验证大数据与社会活动之间的复杂关系。

大数据需要有效地处理大量数据,包括大规模并行处理(MPP)数据库、分布式文件系统、数据挖掘电网、云计算平台、分布式数据库、互联网和可扩展的存储系统。当前用于分析大数据的工具主要有开源与商用两种,开源大数据生态圈主要包括 Hadoop HDFS、Hadoop MapReduce、HBase 等,商用大数据包括一体机数据库、数据仓库及数据集市。大量非结构化数据通过关系型数据库处理分析需要大量时间和金钱,由于大型数据收集分析需要大量电脑持续高效分配工作。大数据分析常和云计算联系到一起,大数据分析相比传统的数据仓库数据量大、查询分析复杂。

大数据处理和存储技术源于军事需求,二战期间英国研发了能处理大规模数据的机器,二战后美国致力于数字化处理搜集得到的大量情报信息。计算机和互联网技术导致大数据处理问题出现,"9.11事件"后美国政府在大数据挖掘领域组建了大数据库用于识别可疑人,通过筛选通信、教育、犯罪、医疗、金融和旅行等记录,之后组建基于网络的信息共享系统。大规模数据分析技术方面源于社交网络,大数据应用使人们的思维不局限于数据处理机器,对大规模信息的处理需求从根本上推动了大数据相关技术的发展,超级计算机的发明、大数据的存储和处理技术,以及大数据分析算法的研发,最终导致了教育、金融、医疗等多方面大数据广泛应用。

(3) 大数据的基本特点

首先是体量巨大,种类繁多。互联网搜索的发展、电子商务交易平台的覆盖和微博等社交网站的兴起,产生了无穷无尽的各种数据内容。国际数据统计机构 IDC 测算,2011 年和 2012 年的全球信息总量分别达到 1.8ZB、2.8ZB,到 2020 年将是 40ZB;思科公司预测全世界 2016 年产生的数据总量将达到 1.3ZB;谷歌前 CEO 施密特指出,从人类文明开始到 2003 年的近万年时间里人类大约产生 5EB 数据,而 2010 年人类每两天就能产生 5EB 数据。传感、存储和网络等计算机科学领域在不断前行,人们在不同领域采集到的数据量达到了前所未有的程度,由于网络数据可以实现同步实时收集大量数据,包括电子商务、传感器、智能手机等,还有医疗领域的临床数据和科学研究,例如基因组研究将 GB 级乃至 TB 级数据输送到数据库。数据类型日益繁多,例如视频、文字、图片、符号等各种信息,发掘这些形态各不相同的数据流之间的相关性是大数据的最大优点。比如供水系统数据与交通状况比较可以发现清晨洗浴和早高峰的时间密切相关,电网运行数据和堵车时间地点有相关性,交通事故率关联睡眠质量。

其次是开放公开,容易获得。采集大数据不是为了存储而是为了进行分析。大数据不仅存在于特定的政府机构和企业组织,而是在社会生活生产过程中自动产生存储的。电信公司积累客户的电话沟通记录,电子商务网站整合消费者的各种信息,企业通过挖掘海量数据可以增强自身能力,改善运营服务,提供决策支持,实现商业智能进而为企业带来高额经济效益回报,发现企业发展的特殊规律。在一定规则下,依靠应用程序接口技术和爬虫采集技术,越来越多的商业组织和政府机构开始向社会各界和研究机构提供自身采集储存的各种海量数据源,并且国内外大量组织收集微博上的海量信息,分析个人特征和属性标签,预测社会舆情、电影票房或者商业机会。开放公开容易获得的数据源成为大数据时代的基本特征,产生巨大的社会影响。

再次是重视社会预测。预测是大数据的本质特征。在大数据时代,预见行业未来的能力成为企业追求的目标。有意思的案例是商场居然比父亲更早得知女儿的怀孕信息,由于商家依据客户的购物行为,进而通过大数据分析预测到其很大的怀孕可能性。人们极为关注大数据预知社会问题的应用功能,在社会科学领域大数据将发挥越来越突出的巨大作用。

(4) 大数据的使用价值

① 大数据能促进决策。数据化指一切内容都通过量化的方法转化为数据,比方一个人所在的位置、引擎的振动、桥梁的承重等,这就使得我们可以发现许多以前无法做到的事情,这样就激发出了此前数据未被挖掘的潜在价值。数据的实时化需求正越来越突出,网络连接带来数据实时交换,促使分析海量数据找出关联性,支持判断,获得洞察力。伴随人工智能和数据挖掘技术的不断进步,大数据提高信息价值促成决策引导行动获得利润,驱动企业获得成功。

② 大数据的市场价值。大数据不仅仅拥有数据,更在于通过专业化处理产生重大市场价值。大数据成为一种人人可以轻易拥有、享受和运用的资产。好的数据是业务部门的生命线和所有管理决策的基础,深入了解客户带来的是对竞争的优势,数据应该随时为决策提供

依据。数据的价值在于即时把正确的信息交付到恰当的人。那些能够驾驭客户相关数据的公司与公司自身的业务结合发现新竞争优势。拥有大量数据的公司进行数据交易得到收益，利用数据分析降低企业成本，提高企业利润。数据成为最大价值规模的交易商品。大数据体量大、种类多，通过数据共享处理非标准化数据可以获得价值最大化。大数据的提供、使用、监管将大数据变成大产业。

③ 大数据的预测价值。如今是一个大数据时代，85%的数据由传感器和自动设备生成，采集与价值分离，全面记录即时系统，可以产生巨大价值。网络时代不同主体之间有效连接，实时记录会提高每个主体对自己操作行为的负责程度。随着互联网经济与实体经济的融合，网络操作记录已经成为网络经济发展的基本保证。预测未来是目前大数据最突出的价值体现。考察数据记录发现其规律特征，从而优化系统以便预测未来的运行模式实现价值。无论企业还是国家都开始通过深入挖掘大数据，了解系统运作，相互协调优化。大数据连接相互个体，简化交互过程，减少交易成本。

4.2.2 大数据的分类

随着信息时代发展到网络时代，人们的生活经过网络进行数据化处理，随时分享，留下记录，变成数据。互联网上的大数据不容易分类，百度把数据分为用户搜索产生的需求数据，以及通过公共网络获取的数据；阿里巴巴则根据其商业价值分为交易数据、社交数据、信用数据和移动数据；腾讯善于挖掘用户关系数据，并且在此基础上生成社交数据。通过数据进行分析人们的许多想法和行为，从中发现政治治理、文化活动、社会行为、商业发展、身体健康等各个领域的各种信息，进而可以预测未来。互联网大数据可以分为互联网金融数据，以及用户消费产生的行为、地理位置和社交等大量数据。

从社会宏观角度根据其使用主体可分为以下三类。

（1）政府的大数据

各级政府各个机构拥有海量的原始数据，构成社会发展与运行的基础，包括形形色色的环保、气象、电力等生活数据，道路交通、自来水、住房等公共数据，安全、海关、旅游等管理数据，教育、医疗、信用及金融等服务数据。在具体的政府单一部门里面无数数据固化而没有产生任何价值，如果关联这些数据流动起来综合分析有效管理，这些数据将产生巨大的社会价值和经济效益。

无论智能电网与智慧医疗，还是智能交通和智慧环保都离不开大数据的支撑，大数据是智慧城市的核心资本。到 2012 年底已经有 180 个国内城市开始投资建设智慧城市，大数据可以在方方面面提供各种决策与智力支持。政府作为国家的管理者，应该将数据逐步开放供给更多有能力的机构组织或个人，研究分析并加以利用，以加速造福人类。

（2）企业的大数据

企业离不开数据支持有效决策，只有通过数据才能快速发展，实现利润、维护客户、传递价值、支撑规模、增加影响、提高质量、节省成本、扩大吸引、打败对手、开拓市场。企业需要大数据的帮助，才能对快速膨胀的消费者群体提供差异化的产品或服务，实现精准营销。网络企业依靠大数据实现服务升级与方向转型，传统企业面临无处不在的互联网压力，同样必须谋求变革实现融合不断前进。随着信息技术的发展，数据成为企业的核心资产和基本要素，数据变成产业进而成长为供应链模式，慢慢连接为贯通的数据供应链。互联网时代，互相自由连通的外部数据的重要性逐渐超过单一的内部数据，企业个体的内部数据，更是难以和整个互联网数据相提并论。大数据时代产生影响巨大的互联网企业，而传统 IT 公司随着网络社会的到来开始进入互联网领域，需要云计算与大数据技术、改善产品、提升平台、实现升级。

(3) 个人的大数据

每人都能通过互联网建立属于自己的信息中心，积累、记录、采集、储存个人的一切大数据信息。通过信息技术使得各种可穿戴设备，包括植入的各种芯片都可以通过感知技术获得个人的大数据，包括但不限于体温、心率、视力各类身体数据，以及社会关系、地理位置、购物活动等各类社会数据。个人可以选择将身体数据授权提供给医疗服务机构，以便监测出当前的身体状况，制定私人健康计划；还能把个人金融数据授权给专业的金融理财机构，以便制定相应的理财规划并预测收益。国家有关部门还会在法律范围内经过严格程序进行预防监控，实时监控公共安全，预防犯罪。

4.2.3 物联网发展对大数据的促进作用

随着物联网迅速发展，各种行业、不同地域以及各个领域的物体都被十分密切地关联起来。物联网通过形形色色的传感器将现实世界中产生的各种信息收集为电子数据，并把信号直接传递到计算机中心处理系统，必然造成数字信息膨胀，数据总量极速增长。

(1) 物联网产生大数据

物联网大数据成为焦点，引起各大IT巨头越来越多的注意，其潜在的巨大价值也正在通过市场逐渐被挖掘出来。微软、IBM、SAP、谷歌等国际知名IT企业已经在全球分别部署了大量数据中心。这些物联网产生的大数据来自于不同种类的终端，比如智能电表、移动通信终端、汽车和各种工业机器等，影响生产生活的各个领域，各个层面。物联网的核心价值不在感知层和网络层，而是在更广泛的应用层。物联网产生的大数据经过智能化的处理、社会化的分析，将生成各种商业模式，产生各异的多种应用，形成了物联网最重要的商业价值。

物联网中的大数据不简单等同于互联网数据。物联网大数据不仅包括社交网络数据，更包括传感器感知数据，尽管社交网络数据包含大量可被处理的非结构化数据，比如新闻、微博等，但是物联网传感器收集的许多碎片化数据属于非结构化数据，在目前还不能被处理。物联网应用于多个行业，而每个行业产生的数据有独特的结构特点。物联网创造商业价值的基础是数据分析，物联网产业将出现各种类型的数据处理公司，中国物联网刚刚进入应用阶段，物联网产业最前沿的一线参与主体，主要包括RFID标签厂商、传感器厂商、电信运营商和一些系统集成商。目前已经建成的大量物联网系统，主要应用于远程测量、移动支付、环境监控等方面。另外主要分布在物品追溯系统和企业供应链管理等方面，应用较多的医疗健康、智能电网、汽车通信等服务等领域。

(2) 云计算提供的技术平台

大数据与云计算的关系密不可分，大数据必须采用分布式计算架构挖掘海量数据，必须依托云计算的分布式数据库、分布式处理、云存储和虚拟化技术。依靠宽带、物联网的大数据提供了解决办法，具有无数分散决策中心的云计算系统能够产生接近整体最佳的效果，无数分别思考的决策分中心通过互联网与物联网形成超级决策中心。

大数据时代企业的疆界变得模糊，数据成为核心资产，并将深刻影响企业的业务模式，甚至重构其文化和组织。因此大数据改善国家治理模式，影响企业决策、组织和业务流程，改变个人生活方式。大数据是继云计算、物联网之后，IT产业又一次颠覆性的技术变革。云计算主要为数据资产提供了保管、访问的场所和渠道，而数据才是真正有价值的资产。企业内部的经营交易信息、互联网世界中的人与人交互信息、物联网世界中的商品物流信息、位置信息等数量，远远超越现有企业IT架构和基础设施的承载能力，实时性要求也将大大超越现有的计算能力。

大数据和云计算很多人误以为大数据和云计算是同时诞生的，具有强绑定关系。其实这两者之间既有关联性，也有区别。云计算指的是一种以互联网方式来提供服务的计算模式，而大数据指的是基于多源异构、跨域关联的海量数据分析所产生的决策流程、商业模式、科学范式、生活方式和关联形态上的颠覆性变化的总和。大数据处理会利用到云计算领域的很多技术，但大数据并非完全依赖于云计算；反过来，云计算之上也并非只有大数据这一种应用。

4.3 物联网 M2M

M2M 是 Machine-to-Machine/Man 的简称，是一种以机器终端智能交互为核心的、网络化的应用与服务。它通过在机器内部嵌入无线通信模块，以无线通信等为接入手段，为客户提供综合的信息化解决方案，以满足客户对监控、指挥调度、数据采集和测量等方面的信息化需求。M2M 根据其应用服务对象可以分为个人、家庭、行业三大类。

到底什么是 M2M？从广义上说，M2M 代表机器对机器（Machine to Machine）、人对机器（Man to Machine）、机器对人（Machine to Man）以及移动网络对机器（Mobile to Machine）之间的连接与通信，它涵盖了所有可以实现在人、机、系统之间建立通信连接的技术和手段，而更多的情况下是指非 IT 机器设备通过移动通信网络与其他设备或 IT 系统的通信。从狭义上说，M2M 就是机器与机器之间通过 GSM/GPRS、UMTS/HSDPA 和 CDMA/EVDO 模块实现数据的交换。简单来说，M2M 就是把所有的机器都纳入到一张通信网中，使所有的机器都智能化。

M2M 不是简单的数据在机器和机器之间的传输，更重要的是，它是机器和机器之间的一种智能化、交互式的通信。也就是说，即使人们没有实时发出信号，机器也会根据既定程序主动进行通信，并根据所得到的数据智能化地做出选择，对相关设备发出正确的指令。可以说，智能化、交互式成为了 M2M 有别于其他应用的典型特征，这一特征下的机器也被赋予了更多的"思想"和"智慧"。

完整的 M2M 产业链包括通信芯片提供商、通信模块提供商、外部硬件提供商、应用设备和软件提供商、系统集成商、M2M 服务提供商、电信运营商、原始设备制造商、消费者、管理咨询提供商和测试认证提供商等。整个产业链的核心是通信芯片提供商、通信模块提供商、系统集成商、电信运营商、原始设备制造商这几个环节。

无论哪一种 M2M 技术与应用，都涉及 5 个重要的组成部分，即机器、M2M 硬件、通信网络、中间件和应用。

（1）机器

"人、机器、系统的联合体"是 M2M 的有机结合体。在整个 M2M 链条中，机器是通信技术和管理平台存在的基础。可以说，机器是为人服务的，而系统则都是为了机器更好地服务于人而存在的。

在通信手段日益完备的今天，广义的机器设备之间的通信，已绝不局限于传统的手机、电脑这些 IT 类电子产品，而类似家中的电冰箱、空调器，甚至电饭煲这些过去在人们脑海里几乎与网络通信不沾边的设备，如今也都可以被通信系统和管理平台串联进这条智能的 M2M 链条——成为网络中的一员。M2M 未来发展的最终目标就是将需要使用的一切机器设备进行联网，通过网络化的管理，使机器更好地为人类服务。

（2）M2M 硬件

实现 M2M 的第一步就是从机器设备中获得数据，然后把它们通过网络发送出去。使机器具有"开口说话"能力的基本途径有两条：在制造机器设备的同时就嵌入 M2M 硬件；或是对已有机器进行改装，使其具备联网和通信的能力。M2M 硬件是使机器获得远程通信和联网能力的部件。一般来说，M2M 硬件产品可分为以下五类。

① 嵌入式硬件。嵌入到机器里面，使其具备网络通信能力。常见的产品是支持 GSM/GPRS 或 CDMA 无线移动通信网络的无线嵌入式数据模块。典型产品有诺基亚的 12 GSM；索尼爱立信的 GR 48 和 GT 48；摩托罗拉的 G18/G20 for GSM、C18 for CDMA；西门子的 TC45、TC35i、MC35i 等。

② 可改装硬件。在 M2M 的工业应用中，厂商拥有大量不具备 M2M 通信和联网能力的机器设备，可改装硬件就是为满足这些机器的网络通信能力而设计的。其实现形式各不相同，包括从传感器收集数据的输入/输出（I/O）部件；完成协议转换功能，将数据发送到通信网络的连接终端（Connectivity Terminals）设备；有些 M2M 硬件还具备回控功能。典型产品有诺基亚的 30/31 for GSM 连接终端等。

③ 调制解调器。嵌入式模块将数据传送到移动通信网络上时，起的就是调制解调器（Modem）的作用。而如果要将数据通过有线电话网络或者以太网送出去，则需要相应的调制解调器。典型产品有 BT-Series CDMA、GSM 无线数据 Modem 等。

④ 传感器。经由传感器，让机器具备信息感知的能力。传感器可分为普通传感器和智能传感器两种。智能传感器（Smart Sensor）是指具有感知能力、计算能力和通信能力的微型传感器。由智能传感器组成的传感器网络（Sensor Network）是 M2M 技术的重要组成部分。一组具备通信能力的智能传感器以 Ad Hoc 方式构成无线网络，协作感知、采集和处理网络所覆盖的地理区域中感知对象的信息，并发布给用户。也可以通过 GSM 网络或卫星通信网络将信息传给远方的 IT 系统。典型产品如英特尔的基于微型传感器网络的"智能微尘（Smart Dust）"等。

⑤ 识别标识。识别标识（Location Tags）如同每台机器设备的"身份证"，使机器之间可以相互识别和区分。常用的技术如条形码技术、射频标签 RFID 技术等。

（3）通信网络

通信网络在整个 M2M 技术框架中处于核心地位，包括广域网（无线移动通信网络、卫星通信网络、Internet、公众电话网）、局域网（以太网、无线局域网 WLAN、蓝牙 Bluetooth）、个域网（ZigBee、传感器网络）。

第三代移动通信技术除了提供语音服务之外，数据服务业务的开拓是其发展的重点。随着移动通信技术向 3G 的演进，必定将 M2M 应用带到一个新的境界。国外提供 M2M 服务的网络有 AT&TW。

（4）中间件

中间件（Middleware）在通信网络和 IT 系统间起桥接作用。中间件包括两部分：M2M 网关和数据收集/集成部件。网关获取来自通信网络的数据，将数据传送给信息处理系统。中间件主要的功能是完成不同通信协议之间的转换。典型产品如诺基亚的 M2M 网关等。数据收集/集成部件是为了将数据变成有价值的信息。对原始数据进行不同加工和处理，并将结果呈现给需要这些信息的观察者和决策者。

（5）M2M 业务应用

① M2M 应用模式。M2M 应用分为管理流-业务流并行模式和管理流-业务流分离模式。管理流是指承载 M2M 终端管理相关信息的数据流，业务流是指承载 M2M 应用相关的数据流。对于终端管理流，两种模式都由终端发送给 M2M 平台，或再由 M2M 平台转发给应用业务平台。对于业务流，在管理流-业务流并行模式下，业务流通过终端传递到 M2M 平台，再由 M2M 平台转发给 M2M 应用业务平台或者对端的 M2M 终端；在管理流-业务流分离模式下，业务流直接从终端送到 M2M 应用业务平台或者对端的 M2M 终端，不通过 M2M 平

台转发。

网管系统与平台网络管理模块通信，完成配置管理、性能管理、故障管理、安全管理及系统自身管理等功能。

业务数据从 M2M 终端传送到 M2M 平台，再由 M2M 平台转发给 M2M 应用业务平台或者对端的 M2M 终端。这种模式下，管理数据和业务数据均由 M2M 平台统一接收，再根据不同的消息类型和目标地址进行分发或处理。

② M2M 业务的应用。从狭义上说，M2M 只代表机器和机器之间的通信。M2M 的范围不应拘泥于此，而是应该扩展到人对机器、机器对人、移动网络对机器之间的连接与通信。

现在，M2M 应用遍及电力、交通、工业控制、零售、公共事业管理、医疗、水利、石油等多个行业，以及车辆防盗、安全监测、自动售货、机械维修、公共交通管理等日常生活当中。

(6) M2M 的发展现状

① M2M 产业发展现状。在国内，M2M 的应用领域涉及电力、水利、交通、金融、气象等行业。在国外，沃达丰（Vodafone）现为世界上最大的流动通信网络公司之一，在全球 27 个国家有投资，目前在 M2M 市场是全球第一，提供 M2M 全球服务平台以及应用业务，为企业客户的 M2M 智能服务部署提供托管，能够集中控制和管理许多国家推出的 M2M 设备，企业客户还可通过广泛的无线智能设备收集有用的客户数据。

随着科学技术的发展，越来越多的设备具有了通信和联网能力，网络一切（Network Everything）逐步变为现实。人与人之间的通信需要更加直观、精美的界面和更丰富的多媒体内容，而 M2M 的通信更需要建立一个统一规范的通信接口和标准化的传输内容。

面向不同的 M2M 应用，每次都需进行重新开发和集成，大大增加了人力和时间成本，而开放性强、兼容性好的 M2M 技术并不多见。

② M2M 标准化现状。国际上各大标准化组织中 M2M 的相关研究和标准制定工作也在不断推进。几大主要标准化组织按照各自的工作职能范围，从不同角度开展了针对性研究。ETSI 从典型物联网业务应用（例如智能医疗、电子商务、自动化城市、智能抄表和智能电网）的相关研究入手，完成对物联网业务需求的分析，支持物联网业务的概要层体系结构设计，以及相关数据模接口和过程的定义。3GPP/3GPP2 以移动通信技术为工作核心，重点研究 3G，LTE/CDMA 网络针对物联网业务提供所需要实施的网络优化相关技术，研究涉及业务需求、核心网和无线网优化、安全等领域。CCSA 早在 2009 年就完成了 M2M 的业务研究报告，与 M2M 相关的其他研究工作也已展开。

M2M 技术标准制定的标准化组织包括欧洲电信标准协会（European Telecommunication Standards Institute，ETSI）、3GPP 和中国通信标准化协会（CSSA）的泛在网技术委员会（TC10）。

a. ETSI 的 M2M 标准化进展

ETSI 是国际上较早的系统展开 M2M 相关研究的标准化组织。2009 年初，ETSI 成立了专门的 TC 来负责统筹 M2M 的研究，旨在制定一个水平化的、不针对特定 M2M 应用的端到端解决方案的标准。其研究范围可以分为两个层面：第一个层面是针对 M2M 应用实例的收集和分析；第二个层面是在实例研究的基础上，开展应用统一 M2M 解决方案的业务需求分析、网络体系架构定义和数据模型、接口和过程设计等工作。

ETSI M2M TC 的主要职责如下：

(a) 从利益相关方收集和制定 M2M 业务及运营需求；

(b) 建立一个端到端的 M2M 高层体系架构（如果需要则制定详细的体系结构）；

(c) 找出现有标准不能满足需求的地方并制定相应的具体标准；

(d) 将现有的组件或子系统映射到 M2M 体系结构中；

(e) M2M 解决方案间的互操作性（制定测试标准）；

(f) 硬件接口标准化方面的考虑；

(g) 与其他标准化组织进行交流及合作。

ETSI M2M TC 目前的研究工作如下：

(a) M2M 业务需求（TS 102 689）　定义 M2M 业务应用对通信系统的需求，以及 M2M 的典型应用场景；

(b) M2M 功能架构（TS 102 690）　定义 M2M 业务应用的功能架构以及相关的呼叫会话流程；

(c) 智能电表（Smart Metering）的应用场景（TS 102 691）　智能电表的应用场景和相关技术问题；

(d) 电子卫生保健（eHealth）的应用场景（TS 102 732）　电子医疗的应用场景和相关技术的问题；

(e) 消费者连接（Connected Consumers）的应用场景（TS 102 857）　消费者连接的应用场景和相关技术同题；

(f) M2M 定义（TS I02 725）：M2M 相关的定义和名词术语。

b. 3GPP 的 M2M 标准化进展

3GPP 在标准制定过程中，也将 M2M 称做机器类通信（Machine Type Communications，MTC）。3GPP 早在 2005 年 9 月就开展了移动通信系统支持物联网应用的可行性研究，正式研究于 R10 阶段启动。在 2008 年 5 月，3GPP 制定了研究项目——针对机器类通信的网络化（Network Improvement for Machine Type Communications，NIMTC）。3GPP 于 2009 年制定的技术报告 TS22.368 中定义 MTC 的一般需求，以及有别于人与人间通信的一些的业务需求，并详述了为满足 MTC 的业务、网络优化需要做的一些工作。

3GPP 支持机器类型通信的网络增强研究课题，在 R10 阶段的核心工作为 SA2 工作组对 MTC 体系结构增强的研究，其中重点涉及支持 MTC 通信的网络优化技术，包括以下几点。

(a) 体系架构　提出了对 NIMTC 体系结构的修改，包括增加 MTC IWF 功能实体，以实现运营商网络与位于专网或公网上的物联网服务器进行数据和控制信令的交互，同时要求修改后的体系结构需要提供 MTC 终端漫游场景的支持。

(b) 拥塞和过载控制　研究多种的拥塞和过载场景要求网络能够精确定位拥塞发生的位置和造成拥塞的物联网应用，针对不同的拥塞场景和类型，给出了接入层阻止广播、低接入优先级指示、重置周期性位置更新时间等多种解决方案。

(c) 签约控制　研究 MTC 签约控制的相关问题，提出 SGSN/MME 具备根据 MTC 设备能力、网络能力、运营商策略和 MTC 签约信息来决定启用或禁用某些 MTC 特性的能力；同时也指出了需要进一步研究的问题，例如网络获取 MTC 设备能力的方法、MTC 设备的漫游场景等。

(d) 标识和寻址　MTC 通信的标识问题已经另外立项进行详细研究。本报告主要研究了 MT 过程中 MTC 终端的寻址方法，按照 MTC 服务器部署位置的不同，报告详细分析了寻址功能的需求，给出了 NATTT 和微端口转发技术寻址两种解决方案。

(e) 时间控制特性　适用于那些可以在预设时间段内完成数据收发的物联网应用。报告指出，归属网络运营商应分别预设 MTC 终端的许可时间段和服务禁止时间段。服务网络运营商可以根据本地策略修改许可时间段，设置 MTC 终端的通信窗口等。

(f) MTC 监控特性　MTC 监控是运营商网络为物联网签约用户提供的针对 MTC 终端

行为的监控服务，包括监控事件签约、监控事件侦测、事件报告和后续行动触发等完整的解决方案。

c. 3GPP2 的 M2M 标准化进展

为推动 CDAM 系统 M2M 支撑技术的研究，3GPP2 在 2010 年 1 月曼谷会议上通过了 M2M 的立项。建议从以下几个方面加快 M2M 的研究进程：

(a) 当运营商部署 M2M 应用时，应给运营商带来较低的运营复杂度；

(b) 降低处理大量 M2M 设备群组对网络的影响和处理工作量；

(c) 优化网络工作模式，以降低对 M2M 终端功耗的影响等研究领域；

(d) 通过运营商提供满足 M2M 需要的业务，鼓励部署更多的 M2M 应用。

3GPP2 中 M2M 的研究参考了 3GPP 中定义的业务需求，研究的重点在于 CDMA2000 网络如何支持 M2M 通信，具体内容包括 3GPP2 体系结构增强、无线网络增强和分组数据核心网络增强。

4.4 物联网的安全问题

(1) 物联网的安全问题

物联网的应用给人们的生活带来了很大的方便，比如我们不再需要装着大量的现金去购物，我们可以通过一个很小的射频芯片就能够感知我们身体体征状况，我们还可以使用终端设备控制家中的家用电器，让我们的生活变得更加人性化、智能化、合理化。如果在物联网的应用中，网络安全无法保障，那么个人隐私、物品信息等随时都可能被泄露。而且如果网络不安全，物联网的应用为黑客提供了远程控制他人物品、甚至操纵一个企业的管理系统，一个城市的供电系统，夺取一个军事基地的管理系统的可能性。物联网在信息安全方面存在许多的问题，这些安全问题主要体现在以下几个方面。

① 感知节点和感知网络的安全问题。在无线传感网中，通常是将大量的传感器节点投放在人迹罕至或者环境比较恶劣的环境下，感知节点不仅仅数目庞大而且分布的范围也很大，攻击者可以轻易地接触到这些设备，从而对它们造成破坏，甚至通过本地操作更换机器的软硬件。通常情况下，传感器节点所有的操作都依靠自身所带的电池供电，它的计算能力、存储能力、通信能力受到节点自身所带能源的限制，无法设计复杂的安全协议，因而也就无法拥有复杂的安全保护能力。而感知节点不仅要进行数据传输，而且还要进行数据采集、融合和协同工作。同时，感知网络多种多样，从温度测量到水文监控，从道路导航到自动控制，它们的数据传输和消息也没有特定的标准，所以没法提供统一的安全保护体系。

② 自组网的安全问题。自组网作为物联网的末梢网，由于它拓扑的动态变化会导致节点间信任关系的不断变化，这给密钥管理带来很大的困难。同时，由于节点可以自由漫游，与邻近节点通信的关系在不断地改变，节点加入或离开无需任何声明，这样就很难为节点建立信任关系，以保证两个节点之间的路径上不存在想要破坏网络的恶意节点。路由协议中的现有机制还不能处理这种恶意行为的破坏。

③ 核心网络安全问题。物联网的核心网络应当具备相对完整的保护能力，只有这样才能使物联网具备更高的安全性和可靠性，但是在物联网中节点的数目十分庞大，而且以集群方式存在，因此会导致在数据传输时，由于大量机器的数据发送而造成网络拥塞。而且，现有通行网络是面向连接的工作方式，而物联网的广泛应用必须解决地址空间空缺和网络安全标准等问题，从目前的现状看物联网对其核心网络的要求，特别是在可信、可知、可管和

可控等方面，远远高于目前的 IP 网所提供的能力，因为物联网在核心网络采用了数据分组技术。此外，现有的通信网络的安全架构均是从人的通信角度设计的，并不完全适用于机器间的通信，使用现有的互联网安全机制会割裂物联网机器间的逻辑关系。

④ 物联网业务的安全问题。通常在物联网形成网络时，是将现有的设备先部署后连接网络，然而这些联网的节点没有人来看守，所以如何对物联网的设备进行远程签约信息和业务信息配置就成了难题。另外，物联网的平台通常是很庞大的，要对这个庞大的平台进行管理，我们必须需要一个更为强大的安全管理系统，否则独立的平台会被各式各样的物联网应用所淹没。

⑤ RFID 系统安全问题。RFID 射频识别是一种非接触式的自动识别技术，它通过射频信号自动识别目标对象并获取相关数据，可识别高速运动物体并可同时识别多个标签，识别工作无需人工干预，操作也非常方便。RFID 系统同传统的 Internet 一样，容易受到各种攻击，这主要是由于标签和读写器之间的通信是通过电磁波的形式实现的，其过程中没有任何物理或者可视的接触，这种非接触和无线通信存在严重安全隐患。RFID 的安全缺陷主要表现在以下三方面。

a. RFID 标识自身访问的安全性问题　由于 RFID 标识本身的成本所限，使之很难具备足以自身保证安全的能力。这样，就面临很大的问题。非法用户可以利用合法的读写器或者自制的一个读写器，直接与 RFID 标识进行通信。这样，就可以很容易地获取 RFID 标识中的数据，并且还能够修改 RFID 标识中的数据。

b. 通信信道的安全性问题　RFID 使用的是无线通信信道，这就给非法用户的攻击带来了方便。攻击者可以非法截取通信数据；可以通过发射干扰信号来堵塞通信链路，使得读写器过载，无法接收正常的标签数据，制造拒绝服务攻击；可以冒名顶替向 RFID 发送数据，篡改或伪造数据。

c. RFID 读写器的安全性问题　RFID 读写器自身可以被伪造；RFID 读写器与主机之间的通信可以采用传统的攻击方法截获。所以，RFID 读写器自然也是攻击者要攻击的对象。由此可见，RFID 所遇到的安全问题要比通常的计算机网络安全问题要复杂得多。

（2）物联网安全架构

物联网安全结构架构也就是采集到的数据如何在层次架构的各个层之间进行传输的，在各个层次中安全和管理贯穿于其中，图 4.1 所示为物联网的层次架构。

感知层通过各种传感器节点获取各类数据，包括物体属性、环境状态、行为状态等动态和静态信息，通过传感器网络或射频阅读器等网络和设备，实现数据在感知层的汇聚和传输；传输层主要通过移动通信网、卫星网、互联网等网络基础实施，实现对感知层信息的接入和传输；支撑层是为上层应用服务建立起一个高效可靠的支撑技术平台，通过并行数据挖掘处理等过程，为应用提供服务，屏蔽底层的网络、信息的异构性；应用层是根据用户的需求，建立相应的业务模型，运行相应的应用系统。图 4.2 所示为物联网在不同层次采取的安全架构。

以密码技术为核心的基础信息安全平台及基础设施建设是物联网安全，特别是数据隐私保护的基础，安全平台同时包括安全事件应急响应中心、数据备份和灾难恢复设施、安全管理等。在网络和通信传输安全方面，主要针对网络环境的安全技术，如 VPN、路由等，实现网络互联过程的安全，旨在确保通信的机密性、完整性和可用性。而应用环境主要针对用户的访问控制与审计，以及应用系统在执行过程中产生的安全问题。

（3）物联网安全的关键技术

物联网中涉及安全的关键技术主要有以下几点。

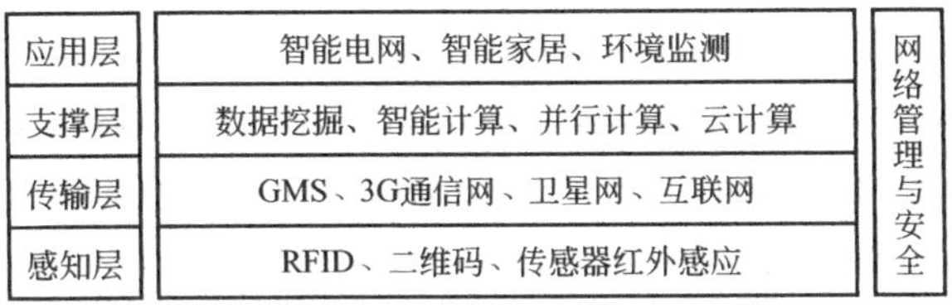

图 4.1 物联网的层次架构

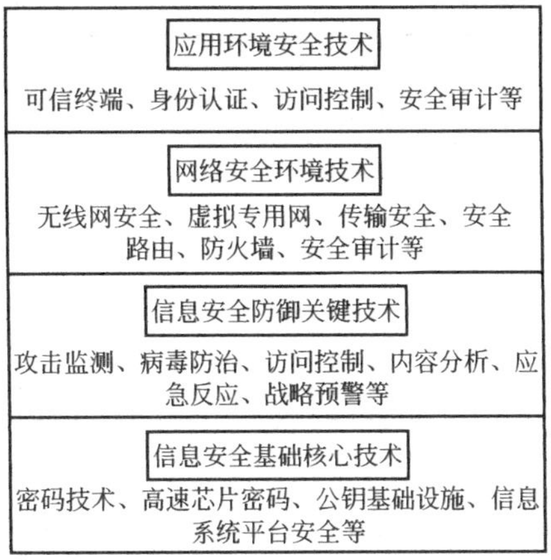

图 4.2 物联网安全技术架构

① 密钥管理机制。密钥作为物联网安全技术的基础，它就像一把大门的钥匙一样，在网络安全中起着决定性作用。对于互联网由于不存在计算机资源的限制，非对称和对称密钥系统都可以适用，移动通信网是一种相对集中式管理的网络，而无线传感器网络和感知节点由于计算资源的限制，对密钥系统提出了更多的要求，因此，物联网密钥管理系统面临两个主要问题：一是如何构建一个贯穿多个网络的统一密钥管理系统，并与物联网的体系结构相适应；二是如何解决 WSN 中的密钥管理问题，如密钥的分配、更新、组播等问题。

实现统一的密钥管理系统可以采用两种方法：一种是以互联网为中心的集中式管理方法；另一种是以各自网络为中心的分布式管理方法。在此模式下，互联网和移动通信网比较容易实现对密钥进行管理，在 WSN 环境中对汇聚点的要求就比较高了，可以在 WSN 中采用簇头选择方法，推选簇头，形成层次式网络结构，每个节点与相应的簇头通信，簇头间以及簇头与汇聚节点之间进行密钥的协商。

② 安全路由协议。物联网安全路由协议解决两个问题，一是多网融合的路由问题；二是传感网的路由问题。前者可以考虑将身份标识映射成类似的 IP 地址，实现基于地址的统一路由体系；后者是由于 WSN 的计算资源的局限性和易受到攻击的特点，要设计抗攻击的安全路由算法。

(4) WSN 中路由协议受到的攻击

WSN 中路由协议中常受到的攻击主要有以下几大类：虚假路由信息攻击、选择性转发攻击、污水池攻击、女巫攻击、虫洞攻击、HELLO 洪泛攻击、确认攻击等。表 4-1 列出了一些针对路由的常见攻击，表 4-2 为抗击这些攻击可以采用的方法。

表 4-1 常见的路由攻击

路由协议	安全威胁
TinyOS 信标	虚假路由信息、选择性转发、女巫、虫洞、HELLO 泛洪、污水池
定向扩算	虚假路由信息、选择性转发、女巫、虫洞、HELLO 泛洪、污水池
地理位置路由	虚假路由信息、选择性转发、女巫
最低成本转发	虚假路由信息、选择性转发、女巫、虫洞、HELLO 泛洪、污水池
谣传路由	虚假路由信息、选择性转发、女巫、虫洞、污水池
能量节约的拓扑维护	虚假路由信息、女巫、HELLO 泛洪
聚簇路由协议	选择性转发、HELLO 泛洪

表 4-2 路由攻击的应对方法

攻击类型	解决方法
外部攻击和链路层安全	链路层加密和认证
女巫攻击	身份认证
HELLO 泛洪攻击	双向链路认证
虫洞和污水池	很难防御,必须在设计路由协议时考虑,如基于地理位置路由
选择性转发攻击	多径路由技术
认证广播和泛洪	广播认证

① 认证与访问控制。对用户访问网络资源的权限进行严格的多等级认证和访问控制,进行用户身份认证,对口令加密、更新和鉴别,设置用户访问目录和文件的权限,控制网络设备配置的权限等。可以在通信前进行节点与节点的身份认证;设计新的密钥协商方案,使得即使有一小部分节点被操纵后,攻击者也不能或很难从获取的节点信息推导出其他节点的密钥信息。另外,还可以通过对节点设计的合法性进行认证等措施,来提高感知终端本身的安全性能。

② 数据处理与隐私性。物联网的数据要经过信息感知、获取、汇聚、融合、传输、存储、挖掘、决策和控制等处理流程,而末端的感知网络几乎要涉及上述信息处理的全过程,只是由于传感节点与汇聚点的资源限制,在信息的挖掘和决策方面不占居主要的位置。物联网应用不仅面临信息采集的安全性,也要考虑到信息传送的私密性,要求信息不能被篡改和非授权用户使用,同时,还要考虑到网络的可靠、可信和安全。物联网能否大规模推广应用,很大程度上取决于其是否能够保障用户数据和隐私的安全。

在信息的感知采集阶段就要进行相关的安全处理,如对 RFID 采集的信息进行轻量级的加密处理后,再传送到汇聚节点。这里要关注的是对光学标签的信息采集处理与安全,作为感知端的物体身份标识,光学标签显示了独特的优势,而虚拟光学的加密解密技术为基于光学标签的身份标识提供了手段,基于软件的虚拟光学密码系统,由于可以在光波的多个维度进行信息的加密处理,具有比一般传统的对称加密系统更高的安全性,数学模型的建立和软件技术的发展,极大地推动了该领域的研究和应用推广。

③ 入侵检测和容侵容错技术。通常在网络中存在恶意入侵的节点,在这种情况下,网络仍然能够正常的进行工作,这就是所谓的容侵。WSN 的安全隐患在于网络部署区域的开放性以及无线电网络的广播特性,攻击者往往利用这两个特性,通过阻碍网络中节点的正常工作,进而破坏整个传感器网络的运行,降低网络的可用性。在恶劣的环境中或者是人迹罕至的地区,这里通常是无人值守的,这就导致 WSN 缺少传统网络中的物理上的安全,传感器节点很容易被攻击者俘获、毁坏或妥协。现阶段无线传感器网络的容侵技术主要有网络的拓扑容侵、安全路由容侵以及数据传输过程中的容侵机制。

(5) 在物联网安全问题中的几个关系

① 物联网安全与计算机、计算机网络安全的关系。所有的物联网应用系统都是建立在互联网环境之中的,因此,物联网应用系统的安全都是建立在互联网安全的基础之上的。互联网包括端系统与网络核心交换两个部分。端系统包括计算机硬件、操作系统、数据库系统等,而运行物联网信息系统的大型服务器或服务器集群,以及用户的个人计算机都是以固定或移动方式接入到互联网中的,它们是保证物联网应用系统正常运行的基础。任何一种物联网功能和服务的实现都需要通过网络核心交换以在不同的计算机系统之间进行数据交互。如果互联网核心交换部分不安全了,那么物联网信息安全的问题就无从谈起。因此,保证网络

核心交换部分的安全，以及保证计算机系统的安全是保障物联网应用系统安全的基础。

② 物联网安全与密码学的关系。密码学是信息安全研究的重要工具，在网络安全中有很多重要的应用，物联网在用户身份认证、敏感数据传输的加密上都会使用到密码技术。但是物联网安全涵盖的问题远不止密码学涉及的范围。计算机网络、互联网、物联网的安全涉及的是人所知道的事、人与人之间的关系、人和物之间的关系，以及物与物之间的关系。因此，密码学是研究网络安全所必需的一个重要的工具与方法，但是物联网安全研究所涉及的问题要广泛得多。

③ 物联网安全与国家信息安全战略的关系。物联网在互联网的基础上进一步发展了人与物、物与物之间的交互，它将越来越多地应用于现代社会的政治、经济、文化、教育、科学研究与社会生活的各个领域，物联网安全必然会成为影响社会稳定、国家安全的重要因素之一。因此，网络安全问题已成为信息化社会的一个焦点问题。每个国家只有立足于本国，研究网络安全体系，培养专门人才，发展网络安全产业，才能构筑本国的网络与信息安全防范体系。

④ 物联网安全与信息安全共性技术的关系。对于物联网安全来说，它既包括互联网中存在的安全问题（即传统意义上的网络环境中信息安全共性技术），也有它自身特有的安全问题（即物联网环境中信息安全的个性技术）。物联网信息安全的个性化问题主要包括无线传感器网络的安全性与 RFID 安全性问题。

第 5 章
物联网综合应用

5.1 物联网在智能家居方面的应用

5.1.1 智能家居发展过程

物联网技术在家居方面的应用，应该说是物联网技术在个人生活领域的最早应用，智能家居便是其在家居领域应用的一个最重要的方向。近年来，随着国家综合国力的不断增强，科学技术发展水平的不断提高，人们对于居住环境的要求也越来越高。不同地区，不同生活习惯的人们对于智能家居概念的理解也有所差异。而综合现今国内外对于这方面的应用和学术界各种观点，智能家居定义为：智能家居是一个以技术为基础，综合各种服务手段，满足客户对于家居智能化要求的个性化系统，它可以具有众多的功能子系统，并且这些子系统之间都有联系，可以相互协同配合，它是高新科技向传统家电产业渗透发展的必然结果，它的出现为人们提供了更为舒适、安全、智能、便捷的家庭生活环境。

智能家居发展大致经历了四代。第一代主要是基于同轴线、两芯线进行家庭组网，实现灯光、窗帘控制和少量安防等功能。第二代主要基于 RS-485 线，部分基于 IP 技术进行组网，实现可视对讲、安防等功能。第三代实现了家庭智能控制的集中化，控制主机产生业务包括安防、控制、计量等业务。第四代基于全 IP 技术，末端设备基于 ZigBee 等技术，智能家居业务提供采用"云"技术，并可根据用户需求实现定制化、个性化。近年来，物联网成为全球关注的热点领域，被认为是继互联网之后最重大的科技创新。物联网通过射频识别（RFID）、红外感应器、全球定位系统、激光扫描器等信息传感设备，按约定的协议把任何物品与互联网连接起来进行信息交换和通信，以实现智能化识别、定位、跟踪、监控和管理。物联网的发展也为智能家居引入了新的概念及发展空间，智能家居可以被看作是物联网的一种重要应用。基于物联网的智能家居，表现为利用信息传感设备将家居生活有关的各种子系统有机地结合在一起，并与互联网连接起来，进行监控、管理、信息交换和通信，实现家居智能化。其包括智能家居（中央）控制管理系统、终端（家居传感器终端、控制器）、家庭网络、外联网络、信息中心等。

5.1.2 智能家居建设的功能

(1) 典型的智能家居功能（图5.1）

① 家居安全监控　各种报警探测器的信息采集，开关门报警等如门磁、紧急按钮、红外探测、煤气探测、火警探测等，并向住宅小区物业管理和警署报警；

② 家电控制　利用计算机、移动电话通过高速宽带接入，并对电灯、空调、冰箱、电视等家用电器进行远程控制。

③ 家居管理　远程三表：水、电、煤气，传送收费。

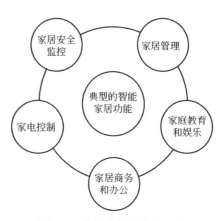

图5.1　典型的智能家居功能

④ 家庭教育和娱乐　如远程教学、家庭影院、无线视频传输系统、在线视频点播、交互式电子游戏等。

⑤ 家居商务和办公　实现网上购物、网上商务联系，视频会议。

(2) 智能家居的特点

① 科技改变生活　智能家居的应用将对我们的家庭生活和生活方式带来深远影响。

② 节省费用　在不需要时，能源消耗装置可以自动关闭，这样可以降低您的费用。

③ 使用方便　自动化系统提供远程遥控接口。自动化系统还可以把重复的工作自动化。在您外出时，还可以调整或控制家电。

④ 安全性高　家庭自动化系统在紧急情况时可以防御坏人或报警。您可以在任何地方可以监控该安全系统，这样可以保证您的家居安全运行。

⑤ 改变生活方式　可以在家炒股，进行远程会议，主妇在网上逛街，孩子在家里上课等。生活中的方方面面都可以通过互联网在家进行，不受时间空间的限制。现代化的生活工作方式较以往有了很大区别。

智能家居可以为人们带来更为惬意轻松的生活，在生活、工作节奏越来越快的今天，家居智能化也可以为人们减少繁琐家务、提高效率、节约时间，让人们有更多的时间去休息、教育子女、锻炼身体和进修，使人们的生活质量有了很大的提高。

5.1.3 物联网智能家居的应用方案

智能家居设备互联控制是智能家居控制系统的一个基本特征。就智能家居而言，对家电、电脑、光源控制、互联网和智能设备常常使用分散控制、分散管理等方式，它的明显缺点是：各种家用设备不能联网，用户不能统一控制。在这种情况下，开发出一套具有多电器接口，并将家中所有电器设备统一联网，集中控制的装置具有重要的意义。通过智能控制终端，无论在家里还是外地，都可以自由控制各种家用电器设备。

监控系统是智能家居控制系统，通过各种方式来提高对用户需求和满意度的一个重要需求。通过各种远程监控系统，使得家庭信息网络和控制网络有效合作，实现掌握并控制各种电器在家里的运行，达到智能化控制。

(1) 手持遥控监控方式　用户控制灯的开关，就像使用遥控器切换电视节目，不需要为关闭位于楼梯一个固定装置而走动，直接按一下手持遥控器的按钮即可。

(2) 互联网监控方式　可以使用任何联网终端，通过互联网查看设备的运行状态，让用户更方便，更容易控制所有的电气设备。

(3) GPRS远程监控方式　如果你出门在外，忘记了关灯，只需编辑一条短消息，就可以轻松实现家用电器设备的控制。

对于智能家居系统而言，安全预警系统是非常重要的。它可以通过预先安装的在室内或室外的感应器查看各种异常情况，这些传感器包括门磁、紧急按钮、红外线探测等。当异常情况发生时，预警系统分析状况后给用户发出相应的预警信号，等待用户做出合适的处理并关闭此次的预警信号。如果用户没有及时处理，系统会连续发出预警信号。

基于物联网的智能家居控制系统主要使用了三种控制网络技术。包括 RS-485 总线技术，以太网联网技术和 GSM 远程监控报警网络技术。

RS-485 串行总线标准，可以使智能家居设备通信距离从十几米延长为几公里，这样的通信距离完全符合家居设备对互联要求。有线的 RS-485 总线通信，结构相对简单，价格比较便宜，数据传输速率和通信距离适当。但是，使用 RS-485 总线技术互联的家居设备的前提，是要确定要互联的设备是即插即用设备。

在整个家居系统中，嵌入式系统作为中继器，负责通过与 RS-485 总线互联的串行端口管理家用终端接入模块的作用。该系统采用嵌入式 ARM 处理器为总线主控设备，RS-485 网络为基础的网络互联主从网络，通过轮询的方式检查各个接入设备的状态信息，无论何时保证仅存在一对主机和从机之间的通信，即接收数据或发送数据。家用设备作为总线从机设备，包括单片机控制器，接入检测电路和信号调节电路。接入检测电路，是为了满足智能家居终端对家居设备移除及新设备接入的检测，实现家居设备的即插即用功能。

以太网使用 CSMA/CD 技术，是当今最常用的局域网通信协议标准。其传输数据的确定性和传输性能是业界公认的，应用的可靠性极高。以家庭网关为核心的以太网远程监控技术，它的主要任务是完成家庭内部网络不同通信协议之间的信息转换和共享。通过家庭网关，用户可以方便地使用互联网进行各种家用电器的远程监控和管理。智能家居远程监控网络把以太网控制网络及智能信息网络整合为一体，实现家庭信息设备、通信设备、常用家电、安防设备和家用医疗器械等设备互联和管理。随着微电子技术的不断发展，也为许多嵌入式控制芯片集成了以太网控制器。基于以太网的智能家庭监控，具有很大的灵活性、选择性和高性价比。

GPRS 是通用分组无线服务技术的简称，俗称"2.5G"，是位于第二代和第三代移动通信技术之间的通信技术，是一种 GSM 移动数据业务。与 GSM 的数据业务相比，GPRS 有以下优点。

① 通信费用低　GPRS 是一种数据包传输方式，和以往的信道传输有所不同，它是对单位信息传输的成本核算，而不是对整个信道成本核算，这样通信的成本就很低，使用就比较划算。

② 传输速率高，连接方便　GPRS 通过使用 GSM 网络中，没有使用 TDMA 信道，传输速率得到保证。GSM 网络使用电路交换数据模式时，在通信两端建立物理链路，并维持该链路到通信结束。GPRS 在传送数据过程中，是把数据包划分成若干个分组之后，再进行传送的。这样容易获得更高数据速率，并且投资较小。进一步说，无线通信装置不必在它们之间附加中间设备，就可以方便地传输数据。

③ 资源利用率高　GPRS 使用分组交换通信，通信过程中把数据分成具有一定长度的数据包。数据包头部包含了地址信息表明该分组发往的目的地址。当数据包分组到达时，根据该地址信息，寻找临时可用信道资源来传输数据，而无需预先分配信道。在该传输方法中，发送和接收数据不占用一个固定的信道，信道资源所有用户共享使用，提高了信道资源利用率。

GPRS 短消息功能，应用于智能家居控制系统，实现智能电器的远程监控和报警，成本低，可靠性高。

新一代智能家居系统作为一个标准的智能家居，需要覆盖多方面的应用，但前提条件一定是任何一个普通消费者，都能够非常简单快捷地自行安装部署甚至扩展应用，而不需要专业的安装人员上门安装。一个典型的智能家居系统所需设备参阅图 5.2。

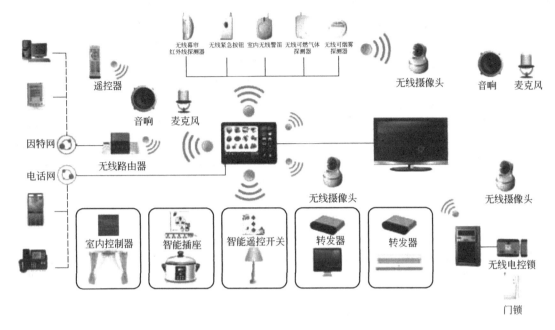

图 5.2　典型的智能家居系统所需设备

① 无线网关　是所有无线传感器和无线联动设备的信息收集控制终端。所有传感、探测器将收集到的信息，通过无线网关传到授权手机、平板电脑、电脑等管理设备，另外控制命令由管理设备通过无线网关发送给联动设备。

② 无线智能调光开关　该开关可直接取代家中的墙壁开关面板，通过它不仅可以像正常开关一样使用，更重要的是它已经和家中的所有物联网设备自动组成了一个无线传感控制网络，可以通过无线网关向其发出开关、调光等指令。

③ 无线温湿度传感器　主要用于探测室内、室外温湿度。虽然绝大多数空调都有温度探测功能，但由于空调的体积限制，它只能探测到出风口空调附近的温度，这也正是很多消费者感觉其温度不准的重要原因。有了无线温湿度探测器，你就可以确切地知道室内准确的温湿度。当室内温度过高或过低时能够提前启动空调调节温度。比如当你在回家的路上，家中的无线温湿度传感器探测出房间温度过高，则会启动空调自动降温，等你回家时，家中已经是一个宜人的温度了。

④ 无线智能插座　主要用于控制家电的开关，比如通过它可以自动启动排气扇排气。这在炎热的夏天对于密闭的车库是一个有趣的应用。当然它还可以控制任何你想控制的家电，只要将家电的插头插上无线智能插座即可。

⑤ 无线红外转发器　这个产品主要是用于家中可以被红外遥控器控制的设备，比如空调、电动窗帘、电视等。通过无线红外转发器，你可以远程无线遥控空调，你也可以不用起床就关闭窗帘等。它可以将传统的家电立即转换成智能家电。

⑥ 无线红外防闯入探测器　这个产品主要用于防非法入侵，比如当你按下床头的无线睡眠按钮后，关闭的不仅是灯光，同时它也会启动无线红外防闯入探测器自动设防，此时一旦有人入侵就会发出报警信号，并可按设定自动开启入侵区域的灯光吓退入侵者。或者当你离家后它会自动设防，一旦有人闯入，会通过无线网关自动提醒你的手机，并接受你手机发

出的警情处理指令。

⑦ 无线空气质量传感器 该传感器主要探测卧室内的空气质量是否混浊，这对于要回家休息的你很有意义，特别是有婴幼儿的家庭尤其重要。它通过探测空气质量告诉你目前室内空气是否影响健康，并可通过无线网关启动相关设备优化调节空气质量。

⑧ 无线门铃 这种门铃对于大户型或别墅很有价值。出于安全考虑，大多数人睡觉时会关闭房门，此时有人来访按下门铃，在房间内很难听到铃声。这种无线门铃能够将按铃信号传递给室内接收器，并用灯光提示你有人造访。另外在家中无人时，按门铃的动作会通过网关传递给你的手机，而这对你了解家庭的安全现状和来访信息非常重要。

⑨ 无线门磁、窗磁 主要用于防入侵。当你在家时，门磁、窗磁会自动处于撤防状态，不会触发报警，当你离家后，门磁、窗磁会自动进入布防状态，一旦有人开门或开窗就会通知你的手机并发出报警信息。与传统的门窗磁相比，无线门窗磁无需布线，装上电池即可工作，安装非常方便。另外对于有保险柜的家庭来说，这种传感器还能够侦测并记录下保险柜每次被打开或者关闭的时间，并及时通知授权手机。

⑩ 无线床头睡眠按钮 这是个可以固定或粘贴在床头木板上的电池供电装置，它的作用主要是帮助你在睡觉时关闭所有该关闭的电器，同时启动安全系统进入布防状态。比如启动无线红外防闯入探测器、窗磁、门磁等进入预警布防状态。另外它也能帮助你启动夜间的照明模式，比如当你夜间起床时，打开的灯光就会很柔和，而不会像进餐时那么明亮，即使这是同一盏灯。

⑪ 无线燃气泄漏传感器 该传感器主要是探测家中的燃气泄漏情况，它无需布线，一旦有燃气泄漏会通过网关发出报警，并通知授权手机。

⑫ 无线辐射传感器、无线空气污染传感器 对于一些对太阳辐射敏感的人来说，这种传感器具有特别的意义，通过它你可以准确知道出门前是否需要采取防太阳辐射或者防污染防尘措施，而你唯一要做的就是看一下手机屏幕，因为户外的辐射、污染等情况已经通过无线网关传到了你手机上了。

5.1.4 智能家居中的物联网应用及问题分析

针对物联网智能家居产业链现状可以看出，作为物联网重要的应用，智能家居涉及多个领域，相对于其他的物联网应用来说，拥有更广大的用户群和更大的市场空间，同时与其他行业有大量的交叉应用。目前，智能家居应用多是垂直式发展，行业各自发展，无法互联互通，并不能涉及整个智能家居体系构架的各个环节，如家庭安防，主要局限在家庭或小区的局域网内，即使通过电信运营商网络给业主提供彩信、视频等监控和图像采集业务，由于业务没有专用的智能家居业务平台提供，仍然无法实现整个家庭信息化。但也应看到，智能家居已经发展很多年，业务链上各环节，除业务平台外，都已较为成熟，而且均能获得利润，具有各自独立的标准体系。但在规模相对较小的现状下，要在未来实现规模化发展，还有许多问题亟待解决，如图5.3所示。

造成目前智能家居现状的原因是多方面的，包括前期政府扶持不够、资金投入不足、行业壁垒、地方保护，以及智能家居和物联网相关技术短期内不成熟等。由于智能化家庭是社会生产力发展、技术进步和社会需求相结合的产物，随着人民生活的提高、国家部门的扶持、相关行业协会的设立，智能家居将逐步形成完整的产业链，统一的行业技术标准和规范也将进一步得以制定与完善。智能化家庭网络正向着集成化、智能化、协调化、模块化、规模化、平民化方向发展。

从技术、应用环境、商业模式等角度分析，智能家居具体实施过程中主要存在以下难点。

① 关键技术尚需突破。以二维码、RFID、传感器以及云计算为核心的关键技术的融合

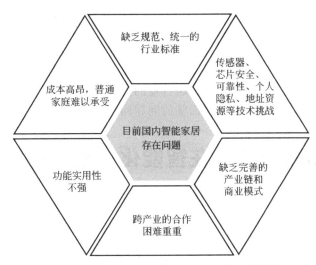

图 5.3 智能家居中的物联网应用存在的问题

应用,传感网络与宽带网络、CDMA 等移动通信网络的融合,这些方面的技术研发还有待深入。目前关键技术的研究力量较分散,需要聚集各方的力量,加快技术研发。

② 体系架构仍未建立。对于立体化家庭物联网应用服务体系而言,共性平台体系架构的建立是一个关键的环节。由于其涉及众多的行业,而现阶段各行业的应用以闭环应用居多且都有进入的门槛,因此行业壁垒的突破对体系架构的建立起到了决定性的作用。

③ 缺乏完整的标准体系和成熟的商业模式。完整的标准体系是家庭物联网规模发展的前提,而目前国际上传感网的标准尚在制定之中,相关标准体系的建立仍需要较长的一段时间。另外,家庭物联网产业尚处发展初期,规模经济不够,成本相对较高,整个产业链的上中下游都在寻找一个稳定、可靠的商业模式来推动产业的发展。

④ 政策环境不够完善,共赢模式需做进一步探索。国家相关政策和设施的推动作用有待提高,产业界在发展动向方面还缺乏一定的共识,与 IT 业发展初期阶段类似,需在国家政策的支持下进一步挖掘产业共赢的模式。针对这些难点,相关企业应充分发挥自身在产业链中的优势,在整合产业的技术资源、建立完善的共享机制的同时,推动标准化工作,挖掘合适的商业模式,促进产业健康发展,最终达到产业共赢、服务社会的目标。

5.1.5 对于利用物联网的智能家居的发展前景展望

在物联网技术快速发展的今天,相信物联网智能家居技术也可以得到较快发展。当科技应用于日常生活,改变人们的生活习惯的时候,又一次的技术革命也离我们不远了。

物联网智能家居产业有如下特点。

① 需求旺盛。随着国家经济的发展和人民生活水平的提高,物联网智能家居的应用需求日益增强。虽说智能家居在国内已发展 10 多年,但仍然面临着传统解决方案性能单一、价格高、难以规模推广的发展"瓶颈"。不过随着物联网的发展,智能家居行业将迎来新机遇。

② 产业链长。智能家居涉及土建装修、通信网络、信息系统集成、传感器件、家电、医疗、自动控制等多个领域。

③ 渗透性广。由于智能家居涉及的业务渗透到生活的方方面面,因此其产业链长,导致行业的渗透性强。

④ 带动性强。能够带动建筑、制造业、信息技术的诸多领域发展。

智能家居作为家庭信息化的实现方式，已成为社会信息化发展的重要组成部分。从个人、公共服务以及政府需求来看，凸显出发展智能家居产业的迫切性。在国家大力推动工业化与信息化两化融合的大背景下，物联网将是智能家居产业发展过程中一个比较现实的突破口，对智能家居产业的发展具有重大意义。物联网技术的发展与成熟，使得跨产业、跨领域技术和业务融合成为现实，并成为智能家居行业的产业化加速器。在物联网给智能家居产业带来机遇的同时，物联网和智能家居所面临的问题同样是不可忽视的，挑战与机遇并存。

5.2 物联网技术在智能化住宅小区中的应用

小区智能化综合了计算机技术、通信技术、控制技术及 IC 卡技术，运用系统集成，逐步搭建一个住户与住户、住户与小区综合服务中心和住户与外部社会的多媒体综合信息平台，为住户提供一个安全、舒适、便捷、节能、高效的生活环境。小区智能化系统是现代高科技领域中的产品与技术在居住小区的应用，其内容主要包括安全防范子系统、管理与监控子系统和信息网络子系统。

5.2.1 小区安防系统

这些年我国经济发展迅速，人民生活水平有了很大的提高，致使人们越来越关注生活的质量与家居的人性化，其中小区的安全尤为重要。住宅小区安全的实现，除了人防之外，主要依靠小区的智能化安全防范系统。

一个综合智能安防系统包括门禁系统、视频监控系统、入侵报警系统和电子巡更系统。视频监控系统将采集到的现场视频图像和数据传输到管理中心并进行处理和记录，保证了快速直观地处理现场事件；门禁系统通过对各个通道的授权管理，变被动防范为主动防范，还增加了通道管理的便捷性；报警系统是必不可少的子系统，通过各种报警探测器组成了一个立体的防护空间；巡更系统加强了人防的效率，保证了保安人员必须定时定点巡逻到位。

物联网技术的出现，可以将不同小区内安防各子系统集成到物联网平台，不仅可以实现小区内部的统一管理和智能化监测，进而还可以实现整个城市的统一管理和统一调度。物联网平台的逐步建设，使各个小区能够统一到平安城市的范畴。随着物联网的研究工作在国内相继展开，安防领域成为其最大的应用领域之一。

(1) 视频监控系统

视频监控通常应用在安防领域，可以协助公安部门打击犯罪、维持社会安定。智能住宅小区中物联网应用的需求和社会的发展，计算机技术、图像处理技术以及移动通信技术的不断提高，使得对远程现场的视频监视与遥控等功能实现变得更为现实，基于物联网技术的视频监控系统与传统的视频监控系统不同，目前，视频监控系统不再需要保安人员一直盯着查看画面，而是摄像头能够根据现场的情况和感知的信息自动跟踪拍摄和录制画面，同时向监控中心实时地提供数据信息，保安人员只在发生情况和需要时查看各摄像头的画面。当有紧急情况发生时，系统能够自动向监控中心报警，这些都将自动地进行，不需要人工的干预。实现平安小区的智能视频监控系统，使用无线传感网和城域网等通信技术，把一个辖区的若干个小区的视频监控系统联系起来，对整个辖区全部小区的安全情况进行整体监控，可以最大限度地保护小区住户的生命财产安全。一个个辖区再利用互联网等通信技术连接下来，汇集到城市平安管理中心，管理中心就可以对整个城市小区的治安状况进行宏观监控，整体分析，使物联网技术真正代替人力，实现物物相连，对平安小区和平安城市的建设发挥科技的力量。

智能小区视频监控系统如图 5.4 所示。

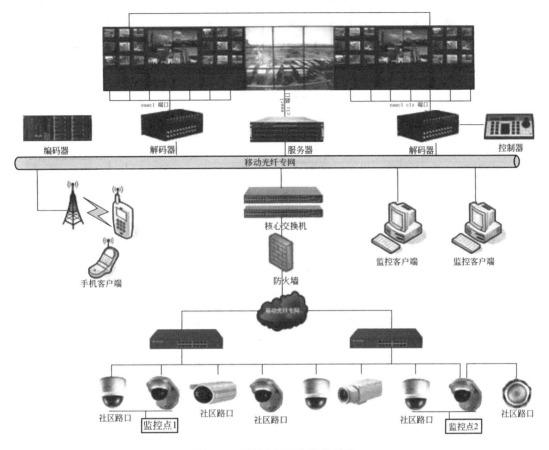

图 5.4　智能小区视频监控系统

(2) 周界报警系统

小区周界安防作为小区安全防范系统的重要组成部分，得到了普遍重视。传统的小区周界以建立围墙、栅栏，或保安值班守护的方式保护小区的安全，但是还是不时有盗窃等犯罪行为发生，围墙栏杆等普通阻挡物不能智能化防范，保安值班在小区内也是点式蹲守，值班员对工作的认真程度也无法保证，因而对小区周界报警提出了新的要求。

物联网技术在安防领域的应用，提升了小区周界报警系统的智能化。小区周界防范系统所采用技术主要是传感器技术，目前小区周界安防系统通常采用红外对射、高压脉冲等技术。

系统由前端入侵报警探测器、传输设备、控制处理设备和记录设备等组成。系统前端采用传感网型入侵检测的围栏，一旦有人非法越过，智能探测器能产生报警信息，现场智能探测主机通过智能分析，将报警信息传入服务器，并将报警信号上传至监控中心，监控中心将探测器发出的报警信号按防区位置与主机的工作状态做出逻辑分析，进而发出警报并实现相关的报警联动。智能小区周界报警系统如图 5.5 所示。

(3) 智能巡更系统

随着社会的进步和科技的发展，物联网技术在安防系统中的应用，将保安巡检工作的监督变为现实。智能巡更系统是将特制的信息钮安置于指定的巡检线路上，保安沿途巡检时，只需用智能设备依次碰触（阅读）信息钮，信息便"拷贝"到巡更棒中，巡更点的按钮都配

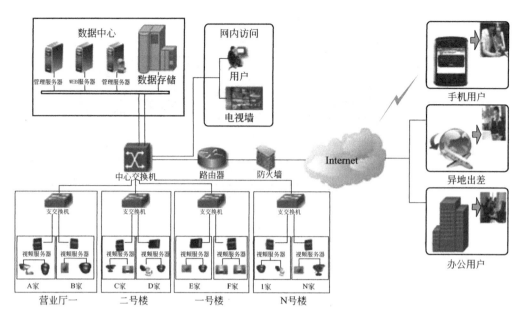

图 5.5 智能小区周界报警系统

置有无线传感器,通过无线传感网将信息实时地传递到管理中心,管理人员通过计算机来读解巡更棒中的信息,便可随时了解保安的整个巡检活动,有效地督促保安工作。对保安人员的巡逻工作进行监督,实现技防督促人防、技防和人防相补充的安保体系,保证小区内的安全和便于物业对保安人员的管理。同时还可以将资料储存在电脑中,作为日后分析评估保安工作的材料。

物联网技术不仅将小区的安保工作进行了有效的监督管理,还提升了小区的安全系数,对建设平安小区提供了技术上的支持,使得小区的安保更加智能,更加有效率。

把物联网应用于家居安全防范系统中,在家居门口或围墙上安装监控设备,将其采集到的数据通过网络发送到小区安防中心服务器,住户可以通过终端视频设备远程登录到中心服务器上调看家中的监控画面,及时了解家里的安全状况。

智能小区智能巡更系统如图 5.6 所示。

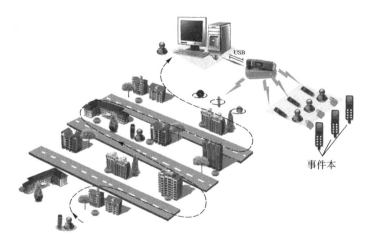

图 5.6 智能小区智能巡更系统

5.2.2 车辆管理系统

随着社会的进步、科学技术的发展和生活水平的提高，汽车成为了普遍的交通工具，对车辆的管理成为一个很大的难题。对于小区来说，高效化、智能化的车辆管理甚为重要。过去停车管理系统把计费收费管理功能作为重点，对于停车场的安全性、运行效率和人性化方面考虑不周全，并且各个停车场相对独立，信息无法交流，停车场的使用度不平衡，影响其使用效率。考虑到停车场的安全性、运行效益和针对顾客的人性化要求，以及小区甚至整个城市中各个停车场之间的信息交流和共享问题，需要实现各个独立的停车场的数据在一个数据平台中共享。将物联网技术引入到车辆管理系统中来，搭建物联网数据平台，将各个小区的车辆管理系统接入到该物联网数据平台，用户能够使用智能手机、平板电脑或 PC 机浏览用户的 Web 界面，上面汇集了物联网平台所采集的各个停车场的地理位置及实时车位信息，以地图加坐标的形式，直观地展现各个停车场的位置和空余车位信息。此外，给拥有 GPS 设备的用户提供路线导航。这样就为用户停车提供了实时且又完整的数据支持。此外，还可将各个小区的车辆管理系统的数据上传到上一级车辆管理中心，如市级车辆管理中心，以便于整个城市小区车辆管理系统的统一管理运作，数据共享，缓解交通压力，提高出行便利。所以运用基于物联网相关技术的区域智能车辆管理系统，可以实现对车辆管理系统的统一管理，可以实现更好的经济效益和社会效益，更好地服务于智慧城市。智能小区车辆管理系统如图 5.7 所示。

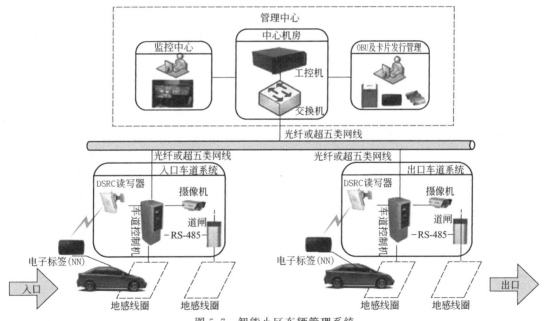

图 5.7 智能小区车辆管理系统

基于物联网相关技术的区域智能车辆管理系统，采用先进的射频技术（RFID 识别技术），结合视频识别技术实现缴费无人化，信息透明化、实时化，能够减少缴费时间，节省人力、财力，最终实现交通管理智能化。智能收费系统是智能交通系统的服务功能之一，即能够实现自动收费。智能小区车辆收费系统如图 5.8 所示。

5.2.3 智能小区其他子系统

（1）小区人员定位系统

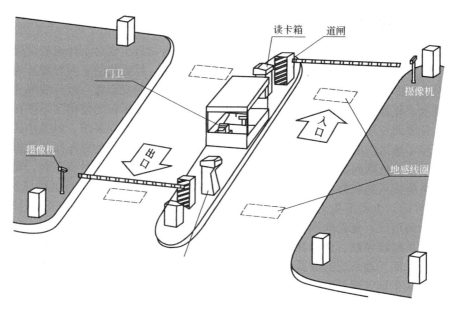

图 5.8 智能小区车辆收费系统

随着经济的发展，定位的需求已不仅局限于监护老幼、照顾宠物、旅游等方面，而且广泛存在于例如公安警务、物流快递、车辆看护、移动资源管理等社会服务的各个角落。小区人员定位系统主要应用于空巢老人的安全监护、儿童防走失、精神病人及其他特殊人群智能化管理等方面。

利用无线定位技术可以比较安全可靠地定位被监护的人员。无线定位技术是无线传输在民用市场的新的应用，它主要是通过 WiFi 与 WSN 互通的基础上，进行小区人员地理定位。WiFi 设备在开启的情况下，扫描并收集周围已铺设的天线节点网络的节点信号，设备将标示这些天线节点的数据发送给位置服务器，由服务器检索每一个节点的地理位置，根据每一个节点的信号强弱程度，计算出 WiFi 设备的地理位置，并发送回用户设备和监护人的管理设备，从而实现小区的人员定位。同时，这种定位技术能与现有的安防监控技术相结合，实现更加智能化的安全监控体系。这将构建一个集合实时定位监控、与摄像头联动、智能化传感、门禁、考勤、电子消费、视频、语音为一体的综合性系统。利用现代化的技术和手段，结合 GPS 卫星定位、网络通信等技术，在最大限度内为人员提供各种安全保护和跟踪定位服务。充分利用先进的地理信息技术（GIS）、数据库技术（Database）、网络通信技术（Network），在电子地图基础之上实现对分布在各地的人员进行组织与管理。

（2）社区医疗系统

随着城市的发展，人口老龄化和空巢老人问题越来越突出，为当前社会急需解决的问题。因此，对日常健康监护和医疗看护等医疗保健服务需求越来越迫切。以数字化医疗服务为基础的社区医疗物联网，为患者进行远程医疗服务提供了便利，免除患者在家庭和医院之间奔波的劳苦，提高了医疗智能化水平。

社区医疗系统为患者提供的医疗服务应具有以下特点：①综合性；②个性化；③人性化；④智能化。

面向社区医疗的物联网系统由感知层、网络层和应用层组成，基于物联网技术的社区医疗系统，利用具有传感功能的数字医疗设备，在信息感知层通过各种传感器设备感知病人、医疗物品及设备等的相关信息，获取患者身体状况数据，通过网络传输层的通信网络将采集的医疗信息传输到管理中心，最后传输到应用层，应用层根据应用需求对医疗信息进行分析和挖掘，并为医务人员、患者及家属等提供相应的医疗服务，实现智能的疾病诊断、卫生保健相关方案制订和人体意外检测等功能，再调动协调社会机构后勤资源，自动给患者提供便利的医疗服务。

物联网在社区医院信息化建设中的主要应用，包括查房、重症监护、人员定位以及无线上网等信息化服务。在传统工作模式下，医生或护士需要随身携带一大堆病历本，并以手写方式记录医嘱信息。这样既不利于查房效率的提高，也容易因录入和识别而产生误差。通过物联网，医生可以通过随身携带的具有无线上网功能的 PDA，更加准确、及时、全面地了解患者的详细信息，使患者能够得到及时、准确的诊治。通过无线视频监控系统，医生和护士可以对病房进行有效的实时监控，使医生或患者家属时刻掌握重症监护室病人治疗情况。鉴于医疗场所以及工作业务的特殊性，医院需要对病人位置、药品以及医用垃圾进行跟踪。确定病人位置，可保证病人在出现病情突发的情况下能够得到及时抢救治疗；药品跟踪可使药品使用和库存管理更加规范，防止缺货以及方便药品召回；定位医用垃圾的目的是明确医院和运输公司的责任，防止违法倾倒医疗垃圾，造成医院环境污染。物联网的应用，将为这些工作提供快速、准确的服务。医生和护士通过无线传感器网络，可以随时跟踪和掌握带有 RFID 腕带的病人的生理状况。物联网在社区医院的应用如图 5.9 所示。

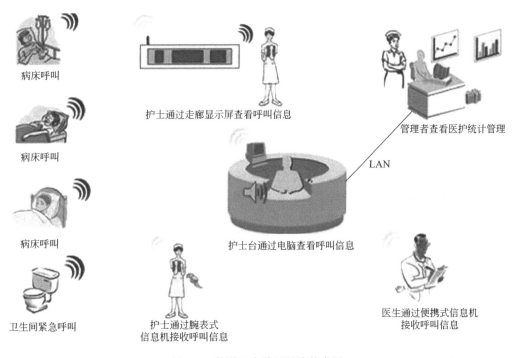

图 5.9　物联网在社区医院的应用

5.3　物联网在物流配送中的应用

我国物流配送发展起步较晚，在互联网尤其是电子商务取得了较大的发展之后，才带动了我国现代物流业快速发展。目前我国物流配送的基础建设已经大体完成，很多物流企业已经建立了一套完善的现代化信息技术体系，采用各种现代化的手段，实现了物流配送中心的智能化和机械化。

物流配送按照物联网的体系结构可来划分为三大块：感知技术、通信与网络技术、智能技术。

(1) 感知技术

物流配送中经常用到的物流网感知技术，主要包括 RFID（射频识别技术）、GPS（全球卫星定位技术）、传感器技术等。其中，最核心的以及应用最多的是 RFID 技术。目前主要应用于仓储、物品信息采集、货物分拣、车辆货物追踪及物品追溯等。RFID 是一种"使能"技术，它可以使常规的物成为"智能物件"，变成和物联网的连接对象。主要工作原理是通过视频信号来识别目标对象，并自动获取信息和数据。它的优点在于读写方便、抗干扰能力强等，并且能够适应各种恶劣的环境，能够替代人来完成很多复杂危险的工作。

在物流配送中，RFID 应用比较成熟的领域在货物分拣、自动仓储、车辆货物追踪以及物品溯源。其应用提高了物流配送安全性和效率的同时，减少了配送过程中的失误率，促进了物流行业的信息化的发展。全球卫星定位系统（Global Positioning System，GPS）是美国历经 20 年，耗资超过 300 亿美元，由发射的 24 颗卫星组成的全球定位、导航及实时系统。可以实时的为目标提供三维位置、三维速度和高精度的时间信息。在物流领域，GPS 技术主要被用来进行物流配送车辆的实时跟踪、定位、导航以及监控管理。结合 RFID 技术，还可以实现对物品状态的实时查询和监管。GPS 应用最广泛的环节是在物流配送的运输环节。

物联网最重要的功能，就是可以实现对现实世界没有生命物体的感知，而传感器就是实现这一功能的关键技术。它可以通过传感器内部的敏感元件感知到外界的变化和刺激，并将这些刺激转化为一定可输出处理的信号。

(2) 通信与网络技术

通信与网络技术主要包括互联网技术、有线与无线局域网技术、无线通信技术等。在区域性的物流管理信息系统主要采用有线和无线结合的方式，随着无线网络的发展，无线技术的应用空间会越来越大。大范围的物流配送系统，则通常集成了互联网技术、GPS/GIS/GPRS 技术等来保证对运输车辆的动态监控与管理。

无线传感网（WSN）是将一系列在空间散布的传感器单元，通过自组织的无线网络进行连接，从而将各自采集的数据进行传输汇总，以实现对空间分散范围内的物理或环境状况的协作监控，并根据这些信息进行相应的分析和处理。通过大量传感节点和少量数据汇聚节点组成传输媒介无线传输组网方式。

(3) 智能技术

目前物流行业对于智能技术的应用，主要包括智能计算技术、数据挖掘技术、ERP 技术等。但是目前物流配送对于智能技术的应用还比较初级，还无法全面实现对整个物流配送过程的智能化控制与管理。物流配送的物联网体系结构，如图 5.10 所示。

随着国家政府对物流信息化的推进，物流信息化行业市场日趋成熟。面对物流企业需求多样化、灵活多变、快速响应等需求，传统的物流行业业务系统对客户关系管理，车辆调度、定位、跟踪等工作很难做到定向有效，随着各种信息化技术的成熟与广泛应用，基于无线网络、移动终端、PC 终端的应用托管和平台服务，为物流相关企业提供语音、数据与多媒体应用相结合的"一站式"综合信息化服务的方案出现。物联网物流综合信息化方案如图 5.11 所示。

第 5 章 物联网综合应用

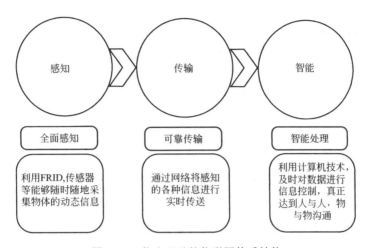

图 5.10 物流配送的物联网体系结构

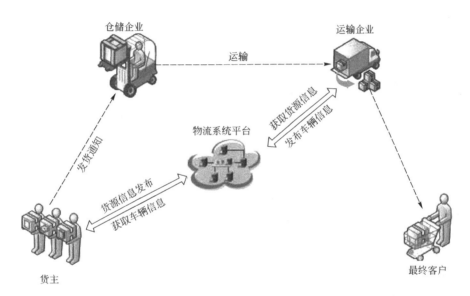

图 5.11 物联网物流综合信息化解决方案

5.4 物联网在智能交通中的应用

随着互联网信息技术的发展,"物联网"这样一个概念日益走进我们的生活,它是新一代信息技术发展的代表之一,物联网的发展史依赖于互联网,它是在互联网基础上进行的扩展,互联网是物联网的核心部分。物联网能够通过互联网实现物与物之间的信息传递和交换。物联网的出现,是将各种人工智能技术、传感技术和自动化技术综合应用后出现的新技术,是信息技术发展的结果。在物联网中,需要借助智能的处理系统,对海量的信息进行加工和处理,再把处理后的数据进行实际的应用。

在交通活动中,影响道路通畅的四个基本元素为:人、车、路、环境。智能交通物联网系统应该分为以下主要功能模块。

① 信息检测感知系统。通过雷达等传感器手段监测车辆实时车速；通过磁卡、RFID、GPS 等传感器手段检测道路车辆实时流量；通过以 RFID 技术和传感器技术在获取物体接入的智能的状态信息，对物理世界和虚拟世界进行建立。通过视频传感器画面实时监测交通事故事件。

② 信息网络系统。传感器采集的信息可以通过互联网、3G 或其他方式将数据发送至数据处理中心，组成大规模网络。

③ 信息处理与决策系统。包括网络数据收集中心；数据智能处理分析中心；智能交通路线诱导系统；照能控制系统；交通环境控制系统等。

5.4.1 交通信息采集技术

交通信息可分为两种：静态交通信息和动态交通信息。

静态交通信息是指相对固定不变的交通信息，如路段长度、车道数量等路网信息和停车场、交通诱导标志等交通基础设施等。由于静态交通信息相对固定不变，一般由人工采集录入。

动态交通信息是指随着时间变化而变化的交通信息，如车流量、车辆平均速度、道路占有率、交通事故信息等。相对于相对固定不变的静态交通信息，动态交通信息是交通信息采集的难点和重点。交通信息采集也一般指动态交通信息采集。

5.4.2 动态交通信息采集技术

交通信息采集的方式有传统交通信息采集方式：线圈检测、微波检测、地磁检测、红外检测、超声波检测、气压管检测以及压电检测；新型交通信息采集方式：视频检测、基于 GPS 定位的采集、基于 RFID 的采集、基于蜂窝网络的采集。而根据被采集车辆是否与采集系统进行交互（即是否独立于采集系统），交通信息采集技术可分为两大类：独立式采集技术和协作式采集技术。按照能否检测静止车辆来划分，检测器可分为存在型检测器和通过型检测器两类。一类是能检测存在于检测区域的静止或运动的车辆的检测器，如环形感应线圈、地磁检测器；而另一类检测器只能检测运动通过检测区域的车辆。

(1) 动态交通信息采集中传感器技术

① 感应线圈检测器。感应线圈检测器是一种基于电磁感应原理的车辆检测器，它的传感器埋设在道路下面，由感应线圈电感元件与检测器内的电容及附加电路组成电容三点式振荡电路，工作的时候会通过一定电流。当有车辆停在线圈上或通过线圈时；就会引起线圈回路电感量的变化，检测器检测出变化量即可知道出车辆的存在。

感应线圈检测器主要包括感应线圈、线圈调谐回路和检测电路。感应线圈是由专用电缆构成，车辆通过时对检测器最直接的效果，是引起整个回路的总电感变化，电感的变化包括感应线圈的自感和感应线圈与车辆金属底盘之间产生的互感两个部分。因此，当有车辆通过感应线圈时，对感应线圈的电感量会同时具有增大和减小的效果。具体地说是当车辆经过埋有感应线圈的道路上方时，根据电磁感应原理，车体的金属底盘产生自成闭合回路的感应涡流，这个涡流又产生了和原闭合回路中磁场相反的新磁场，导致线圈的总电感量减小。但是，车辆底盘作为金属导体，通过拥有感应线圈的道路上方时，会增加线圈周围空间的磁导率，使感应线圈的电感量又有增加的趋势。无论车辆的形状是多么复杂；当它通过感应线圈时，必然对感应线圈的总电感产生影响。感应线圈车辆检测器的特点：技术成熟、易于掌握、安装过程对可靠性和寿命影响很大、安装修理需中断交通、影响路面寿命、易被重型车辆损坏。

② 微波检测器。微波检测器是基于多普勒效应原理进行工作的车辆检测器。其工作原

理是，当发射换能器向地面发射微波，如果此时有车辆在微波发射线的覆盖区域内通过，会使部分微波发生反射且被接收换能器收到，从而检测到车辆的经过。微波车辆检测器采用侧挂式的工作方式，在扇形区域内发射连续的低功率调制微波，且在路面上留下一条长长的投影。微波检测器以 2m 为一"层"，将投影分割为 32 层。用户可将检测区域定义为一层或者多层。微波检测器根据被检测目标返回的反射波，测算出目标的交通信息，每隔一段时间向控制中心发送。根据多普勒效应，接收到的微波频率将比原发射频率略高或略低，即产生频率偏差。利用检测电路，将频率偏差转化为脉冲信号，即可检测车辆的存在或通过和测定车速。

微波交通检测器是一种技术先进、成本低、使用方便的固定型断面交通信息采集设备。可以实时检测 8 个车道的车流量、道路占有率和车速。

微波车辆检测器的特点：在恶劣气候条件下性能出色、可以侧向方式检测多车道、检测器安装精度要求较高、检测精度在具有铁质分隔带的道路会有所下降。

③ 超声波检测器。超声波车辆检测器是一种在高速公路上应用较多的检测器，属于非接触式主动检测器。超声波检测器发射超出人的听觉范围的声压波。超声波检测器主要由探头和控制机构成，其探头设置于道路的正上方或斜上方，具有发射和接受双重功能，向路面发射超声波，利用反射回波原理，接收来自车辆的反射波，达到检测的目的。超声波检测器的工作原理是由超声波发生器发射高频波，并由运动车辆以变化的频率返回，通过换能器记录下频率特征。检测器接收的声信号转换为电信号，由整合在信号转换器或安装在路旁控制机中的信号处理单元进行分析处理，从而进行车辆检测。

超声波车辆检测器的特点：体积小、易于安装、使用寿命较长、可移动、检测精度受环境影响较大。

④ 红外检测器。红外检测器是基于光学原理的车辆检测器，分主动式和被动式两种。主动式红外检测器中激光二极管在近红外线波长范围内工作，发射低能红外线照射检测区域，并由车辆的反射或散射返回检测器。被动式红外检测器本身并不发射红外线，而是接收来自车辆、路面及其他物体自身散发的和他们反射的来自太阳的两个来源的红外线。

主动式红外检测按照接收器接收的方式又可分为：反射式检测和阻断式检测。反射式检测器的探头，同时包括一个红外发光管和一个接收管。无车时，接收管接收不到红外线，而有车时，车体反射红外线，被接收管接收。由调制脉冲发生器产生调制脉冲，经红外探头向道路上辐射，当由车辆通过时，红外线脉冲从车体反射回来，被探头的接收管接收。阻断式红外检测器，是由发射管和接受管组成，发射管发射红外线至接收管，当有车或其他物体经过的时候，红外线被阻断，接收管接收不到，说明有物体经过。

红外车辆检测器的特点：可以侧向方式检测多车道、可检测静止的车辆、性能随环境温度和气流影响而降低、工作现场的灰尘、冰雾会影响系统的正常工作。

（2）物联网动态交通信息采集技术

① 视频检测技术。基于视频图像处理的车辆检测技术，是近年来逐步发展起来的一种新型车辆检测方法，它具有无线、可一次检测多参数和检测范围较大的特点，使用灵活，有着良好的应用前景。在智能交通系统中，视频检测技术应用比较广泛。基于视频的车辆检测技术是一种非接触式被动检测技术。摄像机首先应用于交通管理时的作用，是向交通管理者传输闭路电视图像以进行道路监视。而现在，视频图像处理技术能够自动分析交通管理者所感兴趣的场景，并能够提取交通监视和控制所需的信息。

车辆视频检测系统通常由电子摄像机、基于微处理器的图像处理机、显示器等部分组成。摄像机对道路的一定区域范围进行摄像，图像经传输线送入图像处理机，图像处理机对信号进行模/数、格式转换等，再由微处理器处理图像背景，实时地识别车辆的存在、判别车型，并进一步推导其他交通信息。以车辆长度区分车辆，并可对多条车道上的每类车辆提供车辆出现、流量、车道占有率及车辆平均速度等数据。图像处理机还可以根据需要，给监控系统的主控机、报警器等设备提供图像信息，控制中心则根据这些信息制定控制策略，发出整个控制系统的控制信号。

视频检测的特点：可为事故管理提供直观图像、可提供大量交通管理信息、可检测多车道，信息量最大，可执行更复杂的认知任务，开发提升空间最大、阴影、积水反射或昼夜转换可造成检测误差，受环境变化影响较大。在实际图像处理系统中，背景处理是一个复杂且棘手的问题。图像处理程序必须考虑到多种干扰因素，如不同路面对光的反射、阴影等。由于视频检测技术是在摄像机摄取的图像的基础上实现识别和检测的，因此在摄像机的可视范围内能做更多的检测而不需额外增加设备，这也就是说，可以处理一定区域范围而不是一个点的交通流。检测系统拆装时，不损坏路面，不影响交通，但需要妥善安装好摄像装置。

② 基于 GPS 定位的采集技术。基于 GPS 定位的采集技术和基于 RFID 的采集技术、基于蜂窝网络的采集技术都属于协作式采集技术，协作式采集即被检测车辆上相应的车载设备与整个采集系统的其他部分进行信息交换，从而实现信息采集的目的。基于 GPS 定位的采集技术，是通过安装在车辆上的 GPS 接收模块接收 GPS 卫星信号，从而得到车辆相关的实时信息，如经度、纬度、时刻、速度等，很方便地实现车辆的定位、跟踪功能。当在大量车辆上安装 GPS 模块后，通过车辆反馈的信息，就可以完成路网交通信息的采集。目前，大部分出租车安装了 GPS 定位模块，像这类安有无线传输设备向控制中心提供交通信息的车也称为浮动车。而这种方法的缺点在于 GPS 卫星的信号容易受楼群等建筑物的影响，定位的精度降低，甚至有接收不到信号的情况。利用 GPS 信息得到车辆的位置，实现公交车的自动报站功能，同时，利用 GPRS、3G 网络上传公交车的实时状态信息，实现对所有公交车的实时监控和调度。利用大规模车辆 GPS 信息，还可以实现道路网络图的自动生成。

③ 基于 RFID 的采集技术。RFID 采集技术是利用无线射频识别的非接触式自动识别功能来进行车辆的识别。具有读取距离远（读取距离从几米到几十米）、穿透能力强（能够透过包装箱直接读取信息）、非接触、无磨损、抗污染、效率高（可以同时处理多个射频标签）、信息量大等特点。RFID 检测器由射频标签和读写器两部分组成。射频标签安装在车辆上，存储了相应的车辆信息，如车牌号、发动机 ID、驾驶员 ID 等。读写器可以在一定距离对标签进行读写。利用读写器读取射频标签中的车辆信息，实现对车辆的自动识别，十分方便地实现了交通信息的采集。

RFID 技术广泛应用于智能交通领域，如停车场收费、货物自动跟踪识别和高速公路等。电子车牌使用的即是 RFID 射频标签，与传统车牌一起使用，增加了仿制的难度和识别率，解决了传统车牌容易伪造和遮挡的问题。此外，还可实现被盗车辆等非法车辆的跟踪。RFID 的智能交通采集技术如图 5.12 所示。

④ 基于蜂窝网络的采集技术。蜂窝网络属于移动无线通信范畴，基于蜂窝网络的采集，通俗来说，是基于手机信号定位技术的采集方式。蜂窝移动通信是采用蜂窝无线组网方式，使终端与网络设备之间通过无线通道连接起来，进而实现用户在活动中可相互通信。蜂窝移动通信主要特征是终端的移动性，并具有越区切换和跨本地网自动漫游功能。由基站子系统和移动交换子系统等设备组成蜂窝移动通信网，向终端提供的语音、视频、图像、数据等业务。

近年来，基于蜂窝无线定位的交通信息采集得到广泛关注，与传统的道路嵌入式传感器、路面视频采集器以及基于 GPS 浮动车等交通采集方式相比，基于蜂窝无线定位的交通信息采集具有开发维护成本低、部署快捷简单、覆盖范围广、适应性强等特点。

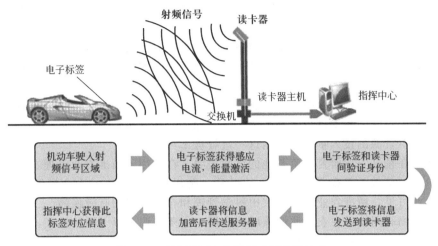

图 5.12 基于 RFID 的智能交通采集技术

5.5 物联网在农业中的应用

农业物联网的应用是未来农业发展的趋势所在，物联网技术能够显著有效地推动农业生产力，解放劳动力，改变传统农业的生产模式。物联网技术与现代科技相结合，可以便利地追溯农产品信息，实现农产品的智能化培育和精细化控制，对农产品进行方便、快捷、高效的运输和存储等。从而改变相对粗放、落后、封闭的经营管理方式，加强农业信息的监测力度，提高农产品的质量，极大地降低农业生产的成本。

物联网技术在农业方面的应用具有十分广阔的前景，物联网技术能够显著有效地推动农业生产力，解放劳动力，改变传统农业的生产模式。物联网技术与现代科技相结合，可以便利地追溯农产品信息，实现农产品的智能化培育和精细化控制。对农产品进行方便、快捷、高效的运输和存储等。从而改变相对粗放、落后、封闭的经营管理方式，加强农业信息的监测力度，提高农产品的质量，极大地降低农业生产的成本。物联网除了能够通过各种无所不在的传感器和无线传输设备对农田信息进行传输，实现农民和农产品的相互连接，还可以通过 RFID 等技术对农产品进行科学的运输和存储，对农产品信息进行监控溯源，保障食品安全。除此之外，还能够通过物联网技术建立起土壤墒情分析、自然灾害预警等模型，从而实现信息共享，方便管理者随时随地地对农业进行监督控制，促进农业的自动化和信息化。物联网技术能够显著地提升农业管理水平。物联网技术能够广泛地应用于农业生产的各个环节当中，在对农作物的生长环境进行分析的同时及时有效地对农业信息进行采集和远程发送，能够最大可能地提升农作物产量，降低成本，提升品质，同时及时地对动植物病虫害等情况作出反应。

物联网技术可以最大限度地保证农产品安全。将物联网技术广泛应用于农产品的流通领域，集成使用电子标签、条形码、传感器等技术，建立起基于物联网的农产品质量跟踪、溯源系统，对农作物进行全过程的网络化、智能化管理，对从生产到运送直到销售的全过程进行监控，从而保证农产品的信息能够直接追溯源头，最终安全放心地被人们使用。

5.5.1 物联网在农情监测中的应用

虽然我国在经济上已经取得了相当大的发展，但由于地域过于广阔，各地区的气候、土壤情况等存在差异等原因，我国在农业建设方面，仍然存在着很多缺漏之处和亟待解决的问题。

所谓的精准农业是现代农业的重要组成部分，可以看作是一种以获取的信息为基础的农业管理系统，它利用包括传感器在内的各种监测技术来获取农业方面的各种必要数据，并根据影响农作物生长的环境因素、地理因素等要素作出合理的管理措施，对作物的投入和作业进行量化控制，最终达到减少投入成本、提高单位产量、保护环境、提高农民收入的目的。而在此期间利用物联网技术进行信息采集、信息加工，并通过管理信息系统，按照作物生长的具体条件，对资源的投入量进行控制这一过程势不可少。

根据我国在精准农业研究示范基地的试验表明，在应用了精准农业管理之后，示范区的农作物产量、经济效益都有着10%以上的提升，而相对设施成本、人力资源等都有着显著的降低。由此可见，精准农业的确是农田科学管理和合理利用的有效保障。

目前我国物联网技术在农情监测领域的应用，主要采取了以下两种模式：一是对农作物生长地域的地理信息进行采集，将包括土壤类型、地形地质、pH值、地下水分布、有机质含量等一系列的重要资料输入系统数据库，并架构一定量的动态数据接口，通过对这些信息的分析解构，对农作物进行定位定量的灌溉和施肥等。这一模式相对而言投入较小，但对突发性事件的反应较为缓慢，比较适合包产到户的农业高度集约化农区。二是将信息技术与现有农业机械设施结合起来，每日通过农情监测技术对动态数据进行采集，从而制定一套行之有效的精准农业生产技术。相对而言这一模式投入较高，但对突发性事件有着显著的应对能力，比较适合大型的农业产地。由于我国地域广阔，人均水资源很少，灌溉水有效利用率低下，当前水资源的合理使用，已经成为我国农业发展亟待解决的问题。

5.5.2 基于物联网的区域农田土壤监测系统

由于我国许多粮食产地的农业生态环境十分脆弱，气象灾害较多，土地荒漠化现象时有发生，因而农业的发展也面临着很大的隐患。我国的水资源分布不均、人均水资源储存量也很低，很多地方沙漠化严重，根本无法进行蓄水工作。作为以种植业为主的农业大国，经计算我国的农业用水量足足占据了每年的总用水量的70%以上。但由于不当灌溉等原因，浪费现象时有发生，灌溉水利用率甚至仅仅只有40%左右。为了最大化地避免农业损失，节约水资源，必须对农作物的生长情况进行合理的监测控制。在物联网技术广泛应用的今日，对农田土壤墒情的合理管理，已成为了影响农作物正常生长的关键因素，而对这一切的监督和控制，都要依赖于土壤墒情系统来进行。本系统非但可以对土壤中的水含量进行有效、准确的分析，从而判断进行灌溉的合理时机，还能够根据不同地域的土壤类型，气象类型、灌溉水源、作物类型等进行不同的应对。

农业土壤系统的基本原理，是在具有代表性的地域建设具备自动采集土壤含水量，地下水位，降雨量等信息功能的监测点，将所得到的信息进行传输，将系统中的灌溉预报软件，结合实时监控到的信息进行分析和再处理，从而获得最佳的灌溉时间、灌溉水量及相应的节水措施，最终达到节约水源、提高农作物产量的目的。

5.6 物联网与工业物联网

物联网与工业的发展是密切相关的，时至今日，物联网技术在工业生产中的应用已经相当广泛，根据产业的规模不同影响的深度存在差异，多数已经具备了统一调控的生产线，把生产环节中的每一台机床，每一个元件作为"物"连成网络，物联网技术应用到了生产的每个环节。物联网技术在生产环节中,可以使框架固定,做到并行生产,最终降低生产中重复作业造成的成本浪费。

工业物联网充分融合传感器、计算机网络、大数据分析处理等现代化技术,以低成本、低投资及高度适用性等优势,以更便捷、更高效的方式获取传统工业生产线上难以获取的重要过程参数,优化生产管理,提高生产效率。工业物联网以其独特的优势,得到了以美国为首的西方发达国家的广泛关注,在传统工业的改造、升级过程中得到了大力推广,取得了很大的突破。近年来,工业物联网在我国也得到了相当高的重视,在以"高效益、高科技、低污染、低能耗"为目标的社会建设中,工业物联网与现代化工业相辅相成,现代化工业建设为工业物联网提供了发展和壮大的空间。

(1) 工业物联网体系架构

典型的物联网系统架构共有3个层次。一是感知层,即利用RFID、传感器、二维码等随时随地获取物体的信息;二是网络层,通过电信网络与互联网的融合,将物体的信息实时准确地传递出去;三是应用层,把感知层得到的信息进行处理,实现智能化识别、定位、跟踪、监控和管理等实际应用。

在工业环境的应用中,工业物联网面临着与传统物联网系统架构两个主要的不同点:首先是在感知层中,大多数工业控制指令的下发,以及传感器数据的上传,需要有实时性的要求。在传统的物联网架构中,数据需要经由网络层传送至应用层,由应用层经过处理后再进行决策,对于下发的控制指令,需要再次经过网络层传送至感知层,进行指令执行过程。由于网络层通常采用的是以太网或者电信网,这些网络缺乏实时传输保障,在高速率数据采集或者进行实时控制的工业应用场合下,传统的物联网架构并不适用。其次是在现有的工业系统中,不同的企业有属于自己的一套数据采集与监视控制系统,在工厂范围内实施数据的采集与监视控制。数据采集与监视控制系统在某些功能上会与物联网的应用层产生重叠,需要把现有的数据采集与监视控制系统与物联网技术进行融合,往往会涉及部分传感器的关键数据或者系统的关键信息,只能由工厂进行处理。与传统物联网架构相比,该架构中增加了现场管理层。现场管理层的作用类似于一个应用子层,可以在较低层进行数据的预处理,是实现工业应用中的实时控制、实时报警以及数据的实时记录等功能所不可或缺的层次。

① 感知层　感知层由现场设备和控制设备组成,主要进行工业机器信息的感知以及控制指令的下发。现场设备主要包括温度传感器、湿度传感器、压力传感器、RFID、电动阀门、变送器等,这些设备直接与工业机器相连,担当着感知控制过程的末梢机构。控制设备主要指PLC等控制器,在工业系统中,PLC等控制器用于实现较底层的高速实时的控制功能,对于工业控制尤为重要。控制设备与现场设备组成了现场总线控制网络。

② 现场管理层　现场管理层主要指工厂的本地调度管理中心,调度管理中心充当着工业系统的本地管理者,以及工业数据对外接口提供者的角色,一般包括工业数据库服务器、监控服务器、文件服务器以及Web网络服务器等设备。现场管理层作为区别于传统物联网系统架构的一个层次,在工业物联网系统中起着重要作用。现场管理层融合了现有的工业监控系统,它的存在使得来自感知层的部分关键工业数据能得到及时的记录与处理。另一方面,现场管理层起到了对外提供数据接口的作用,通过数据库服务器以及Web网络服务器,调度管理中心可以把来自于工厂内部的数据通过网络层发布到应用层,应用层可以透明访问到不同工业机器上的感知信息,对进一步的数据分析工作起到了重要作用。

③ 网络层　网络层利用电信网或者以太网,为工厂的本地数据以及在远端的数据分析中心搭建起传输通道,使得数据可以随时随地进行传送。

④ 应用层　应用层是工业物联网的最终价值体现者。应用层针对工业应用的需求,与行业专业技术深度融合,利用大数据处理技术对来自于感知层的数据进行分析,主要包括对

生产流程的监视、对工业机器运行状况的跟踪、记录等,最终产生对企业、行业发展有指导意义的结果。不同的企业之间更能互相共享大数据的分析处理结果,对于促进企业间协同生产、优化社会产业结构、提高社会整体生产力有着巨大作用。在各个层次之间,数据信息可以双向交互传递。

(2) 工业物联网的应用前景

工业物联网的应用改变了传统工业中被动的信息收集方式,实现自动、准确、及时地收集生产过程参数。如图 5.13 所示,工业物联网通过 Things to Things 的通信方式,实现了人、机器和系统三者之间的智能化、交互式无缝连接,从而使得企业与客户、市场的联系更为紧密,企业可以感知到市场的瞬息万变,大幅提高制造效率、改善产品质量、降低产品成本和资源消耗,将传统工业提升到智能工业的新阶段。从当前技术发展和应用前景来看,工业物联网的应用主要集中在以下几个方面。

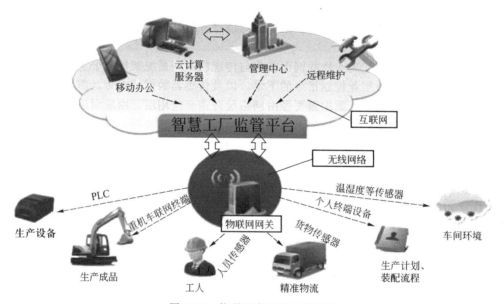

图 5.13 物联网在工业上的应用

① 制造业供应链管理 企业利用物联网技术,能及时掌握原材料采购、库存、销售等信息,通过大数据分析,还能预测原材料的价格趋向、供求关系等,有助于完善和优化供应链管理体系,提高供应链效率,降低成本。空中客车通过在供应链体系中应用传感网络技术,构建了全球制造业中规模最大、效率最高的供应链体系。

② 生产过程工艺优化 工业物联网的泛在感知特性提高了生产线过程检测、实时参数采集、材料消耗监测的能力和水平,通过对数据的分析处理,可以实现智能监控、智能控制、智能诊断、智能决策、智能维护,提高生产力,降低能源消耗。钢铁企业应用各种传感器和通信网络,在生产过程中实现了对加工产品的宽度、厚度、温度实时监控,提高了产品质量,优化了生产流程。

③ 生产设备监控管理 利用传感技术对生产设备进行健康监控,可以及时跟踪生产过程中各个工业机器设备的使用情况,通过网络把数据汇聚到设备生产商的数据分析中心进行处理,能有效地进行机器故障诊断、预测,快速、精确地定位故障原因,提高维护效率,降低维护成本。

④ 环保监测及能源管理 工业物联网与环保设备的融合,可以实现对工业生产过程中产生的各种污染源及污染治理环节关键指标的实时监控。在化工、轻工等企业开发传感器网

络，不仅可以实时监测企业排污数据，而且可以通过智能化的数据报警，及时发现排污异常并停止相应的生产过程，防止突发性环境污染事故发生。电信运营商已开始推广基于物联网的污染治理实时监测解决方案。

⑤ 工业安全生产管理　"安全生产"是现代化工业中的重中之重。工业物联网技术通过把传感器安装到矿山设备、油气管道、矿工设备等危险作业环境中，可以实时监测作业人员、设备机器以及周边环境等方面的安全状态信息，全方位获取生产环境中的安全要素，将现有的网络监管平台提升为系统、开放、多元的综合网络监管平台，有效保障了工业生产安全。

随着对生产力发展要求的不断提高，工业物联网技术进入工业控制领域的趋势无可置疑。物联网时代的到来对于我国工业发展既是机遇，又是挑战。一方面，工业物联网将引领传统工业走向现代化，改变传统工业的生产和管理模式，促进工业企业的信息共享与协同发展，提高生产力，降低污染；另一方面，发展工业物联网需要企业管理理念的更新改变以及相关科研实力的发展提高。

第6章
新的历史机遇推动物联网大发展

6.1 "互联网+"国家行动计划

国务院总理李克强在2015年政府工作报告中,对"互联网+"行动计划的战略目标做了明确阐述:"推动移动互联网、云计算、大数据、物联网等与现代制造业结合,促进电子商务、工业互联网和互联网金融健康发展,引导互联网企业拓展国际市场。"

"互联网+"行动计划将重点促进新一代信息技术与现代制造业、生产性服务业等的融合创新,发展壮大新兴业态,打造新的产业增长点,为大众创业、万众创新提供环境,为产业智能化提供支撑,增强新的经济发展动力,促进国民经济提质增效升级。

6.1.1 什么是"互联网+"

"互联网+"代表一种新的经济形态,即充分发挥互联网在生产要素配置中的优化和集成作用,将互联网的创新成果深度融合于经济社会各领域之中,提升实体经济的创新力和生产力,形成更广泛的以互联网为基础设施和实现工具的经济发展新形态。

马化腾认为:"互联网+"是以互联网平台为基础,利用信息通信技术与各行业的跨界融合,推动产业转型升级,并不断创造出新产品、新业务与新模式,构建连接一切的新生态。

马云认为:所谓"互联网+",就是指以互联网为主的一整套信息技术(包括移动互联网、云计算、大数据技术等)在经济、社会生活各部门的扩散应用过程。

李彦宏认为:"互联网+"计划,是互联网和其他传统产业的一种结合的模式。这几年随着中国互联网网民人数的增加,现在渗透率已经接近50%。尤其是移动互联网的兴起,使得互联网在其他产业当中能够产生越来越大的影响力。我们很高兴地看到,过去一两年互联网和很多产业一旦结合的话,就变成了一个化腐朽为神奇的东西。尤其是O2O(线上到线下)领域,比如线上和线下结合。

雷军认为:李克强总理在报告中提出"互联网+",意思就是怎么用互联网的技术手段和互联网的思维与实体经济相结合,促进实体经济转型、增值、提效。

分析不同的版本，我们可以发现其内涵有共性，也有细微的差异。比如把马化腾版和官方版做比较，可以发现，尽管两者措辞不同，但从整体上看两个版本基本是在讲同一件事：发挥互联网在经济发展和社会生活中的基础性作用。从落脚点来看，二者表述略有不同：官方表述是"新的经济形态、经济发展新形态"；马化腾提到的是"连接一切的新生态"。应该说前者更宏观，强调了整体、大局；后者更基础、更科技、更人性。

而对于"互联网＋"行动计划，报告提出将重点促进以云计算、物联网、大数据为代表的新一代信息技术与现代制造业、生产性服务业等的融合创新，发展壮大新兴业态，打造新的产业增长点，为大众创业、万众创新提供环境，为产业智能化提供支撑，增强新的经济发展动力，促进国民经济提质增效升级。

6.1.2 "互联网+"的几点解读

（1）走出"互联网＋"工具论的狭隘视野

不能只是从实用主义的角度、以自我为中心做取舍；一定把它当作更具生态性的要素来看待，它就是我们的生存环境、我们的生活、我们的生命不可分割的存在。

（2）每个人都有一个"互联网＋"

它和你的时间、你的空间、你的生活、你的事业、你的行业、你的关系、你的现实世界与虚拟世界纠缠在一起。每个人都有权对"互联网＋"做出定义、进行解读。比如，漂在北京的你和老北京人，"互联网＋"对人们的意义是有所不同的；你从在媒体行业做采编到做汽车后市场服务，对于互联网的界定是有巨大差异的；而一个游戏初级者和一个深度沉迷者，对于游戏公司的价值完全不可同日而语。所以，你不需要迷信别人的定义。同时，你在任何时间对"互联网＋"给出的界定都不会是最终答案。

（3）"互联网＋"的初步研究线索

"互联网＋"的特质用最简洁的方式来表述，只有八个字——"跨界融合，连接一切"。如果说连接一切更加代表了"互联网＋"和这个时代的未来，那么，跨界融合是"互联网＋"现在真真切切要发生的事情。正是这种跨界、融合会面临各种可能与不确定性，所以就像第二点强调的，"互联网＋"是动态的。

（4）切忌孤立地看待、解读"互联网＋"

"互联网＋"是生态要素，当然，生态要素具有很强的协同性、全局性、系统性。其实我们综合地去看待创新驱动发展、大众创业、万众创新、"中国制造2025"、智慧民生，会发现它们是无法分割、片面理解的，串起这些珍珠的线就是"互联网＋"。有些人可能会说这是误读，是歪曲。他们坚定地认为"互联网＋"就是工具，就是一个选择。好在"互联网＋"允许他们试错，因为"互联网＋"主导的创新生态提供了试错纠错的平台。

"互联网＋"不会是停留在字面上的一个概念，未来它对于产业、经济和整个社会都会有非常长远深刻的影响；而且一定会汇成一股越来越强大的力量，推动一个新时代的来临。

6.1.3 "互联网+"的层次分析

理解"互联网＋"要从不同层次来区别看待、整体把握，以便于更通透地考察"互联网＋"。理解"＋"的5个层次，至少应该从以下层次来把握"＋"，据此来制订计划，描绘路线图。

（1）第一层：互＋联＋网

互联网是什么？连接，形成交互，并纳入网络或虚拟网络。IOT改变了距离、时间、空间，虚拟与现实都成为一种存在，每一个个体都被自觉不自觉地划分到不同的社群、网络。从另外一层意思上讲，互联网产业的企业、从业者也有一个连接、联盟、生态圈的问题，而不要局限于自己的一亩三分地，或者店大欺客，否则你根本没有"＋"别人的能力，像在通用电气（GE）的倡导下，AT&T、思科（Cisco）、通用电气、IBM、英特尔（Intel）等公司就已经在美国波士顿宣布成立工业互联网联盟（IIC），以期打破技术壁垒，促进物理世界和数字世界的融合。

（2）第二层：互联网＋移动互联＋物联网＋产业互联网（如工业互联网、能源互联网）

不管什么名头，连接是目标，互联互通是根本，是一体两面而不是曲高和寡。如果单纯去讲某一方面的网络，和连接本身是对立的，更谈不上连接一切。同时，万物互联，不论何种网络，一定不要变成孤岛。

（3）第三层：互联网＋人

移动终端是人的智能化器官，让用户触觉、听觉、视觉等都持续在线、无处不达。"互联网＋人"，这是"互联网＋"的起点和归宿，是"互联网＋"文化的决定因素，也是"互联网＋"可以向更多要素、更多方向、更深层次延展的驱动力之所在。

（4）第四层：互联网＋其他行业

其他企业不能简单地归类为传统行业，互联网产业也需要自我革命、持续迭代，新兴行业要拥抱互联网，而创新创业更离不开互联网。现在进展最快的有"互联网＋零售"产生的电子商务，"互联网＋金融"出现的互联网金融，"互联网＋通信"也越来越成熟。

（5）第五层：互联网＋∞

∞代表无穷大，这就是连接一切的阶段。人与人、人与物、人与服务、人与场景、物与物，这些连接随时随处发生；不同的地域、时空、行业、机构乃至意念、行为都在连接。同时，后面也可能有各种各样的排列组合，这里面蕴含了形如"互联网＋X＋Y"这样的基本模式，比如"互联网＋汽车后市场服务"，往往会再"＋保险"、"＋代驾"、"＋救援"、"＋拼车"等服务，这才能真正体现跨界与融合，才有可能产生细分领域的创新。

其实即便对于"＋"本身，也需要有更结构化的体察和更超脱的定义，其实即便对于"＋"本身，也需要有更结构化的体察和更超脱的定义，在不同的场景，其内涵与方式都是不一样的。一般地，它代表了连接，至于连接的基础、协议、方式、持续等，可能要视情况而有很大的差异。

6.1.4 "互联网＋"行动计划战略目标

（1）转型与发展目标

平稳转型，提质增效升级，创新驱动发展取得重要成果。平稳就是不造成巨大波动，不要硬着陆，要兼顾速度和效能，保持健康，但创新驱动发展坚定不移。民众享受智慧生活的同时，也可以促进信息消费、生产性服务业等成为新增长点。

（2）连接目标

将大力推动移动互联网、云计算、大数据、物联网建设，整体连接指数大幅提高，对内基本消灭数字鸿沟，还要提高面向全球的连接能力。

（3）生态目标

让移动互联网、云计算、大数据、物联网等成为生态的基础，让连接更畅通，让跨界融合更具可能性，让要素的流动性更足，让科技创新的机制更灵活，让创业的环境更健康。

（4）民生目标

真正以人为本，创新发现与放大人的价值，各得其所；通过互联网融入生活，提供更加优质、更有效率的公共服务；让每一个个体体会互联网技术带给他们的生产、生活、创新创业的巨大便利性；在衣食住行、健康、娱乐等诸方面，获得连接一切的智慧化生活体验。

6.2 物联网催生了制造方式的工业革命

物联网是一个产业，同时又是一种新型的制造方式，这是物联网最伟大的一个贡献，它有望实现工业制造方式的又一次革命，使工业从机械化、电气化的制造方式，发展到由网络管理或控制的精准化的制造方式。

6.2.1 对现有工业制造方式困局的反思

人类社会的发展总是按照自身规律进行的，其中包括否定之否定的规律。

工业化给人类社会创造了比农业社会更多更丰富的产品、财富，给人们带来了更有品质的生活与享受。"无农不稳、无工不富、无商不活"曾作为经典迅速传播。但随着技术进步的加速，工业化由初级阶段进入中、高级阶段之后，人们突然发现，工业化带来的可持续发展问题随之产生，且越来越严重。

① 工业消耗的资源与能源越来越大、越来越快。现在一年工业消耗的矿石、水资源、石油、煤炭、天然气等是工业化初期的十几倍，少数品种甚至是几十倍，而地球存有的各种资源、各种能源越来越少，少数品种即将枯竭，因石油这种兼有资源、能源双料性质的物质而发生的国与国之间的争端也不断加剧。

② 工业生产造成的各种污染越来越多，对环境与气候的影响越来越大。水的污染面积越来越大，水质越来越差，雾霾的天数越来越多；喝上干净的水、呼吸清新的空气、吃上放心的食品、保持健康的身体，成为人们日益关心与关注的事情。某个化学医药生产企业集中的地方，当地老百姓甚至喊出了"与恶臭为敌、为生态而战"的口号，因环境引发的群体性事件不断增加。

③ 因区域工业的发展差别，导致区域、城乡经济发展的差别越来越大。一些农民背井离乡到发达地区、到城市打工，从事辛苦甚至肮脏、危险的工作，新一代农民工进城定居、争取平等地位的诉求越来越强烈，劳资纠纷增加，保持社会稳定、和谐的挑战加大。

④ 从事一般制造业的企业，原料成本、能耗成本、污染治理成本、工资成本和财务成本不断增加，比较利润率不断下降，工业制造企业发展面临的内外部环境挑战越来越大。现实的矛盾、诸多的问题，加上某些误导，"工业"一下子成为消耗资源、污染环境、影响和谐的代名词。办工业太污染"不值得论"、搞工业太辛苦"不合算论"、做工业不如做其他产业的"去工业论"一时占据了上风，工业的发展陷入"左不是，右也不对"的困局。

另外，人们还发现，物联网的制造方式是将"虚实融为一体"的发展模式。信息化与工业化的深度融合，是一种把虚拟经济与实体经济融合为一体的发展模式。如前所述，物联网是融装备的货物贸易、网络的服务贸易、高档芯片与云计算技术等技术贸易为一体的发展模式，这就是典型的"虚拟经济与实体经济融为一体"的最好的发展范式。如果我们能从这个角度去理解我国的"信息化与工业化深度融合的实现方式"，那将是一件有重要意义的事情。

6.2.2 对新的一次工业革命的认同

当前，国际范围内的一场新科技革命正在孕育兴起，以大数据、云计算与物联网、互联网共同形成的网络智慧技术取得了重大突破，带动新材料技术、生物技术、新能源技术与各种工程技术迅速发展，显示了巨大的应用前景。新科技革命日新月异的发展，引发了新的一场工业革命的研究与实践。

（1）学界：出现了"第三次工业革命"研究热

2011年，美国宾夕法尼亚大学教授杰里米·里夫金出版了《第三次工业革命》的专著。

他提出了"能源互联网"的概念，认为第三次工业革命是由"新能源+互联网"催生的，分布式的新能源生产、分布式的能源利用（加上储能技术的应用），可以通过互联网来实现；分布式的能源，又主要通过网络分布式协同制造与生活、办公消耗加以利用。因此，第三次工业革命是在互联网管理之下的，包括分布式新能源生产、分布式工业制造、分布式能源生活与办公消耗为一体的工业革命。他认为，这场工业革命在中国最有希望。

美国奇点大学维韦·沃德（Viver Wadhwa）教授在《华盛顿邮报》撰文指出，"将人工智能、机器人和数字制造技术相结合，会引发制造业革命。"并且他认为，这样的制造业革命将有助于美国与中国进行制造业的竞争，让美国夺回制造业的主导权。

2012年4月21日，英国《经济学人》杂志发表了题为"第三次工业革命"的专栏文章。文章认为这次工业革命以制造业数字化为核心，生产过程通过办公室管理完成，产品更加接近客户需求。这其实是说，产品可由客户参与定制（个性化）；生产过程没有一线的操作工人，全部由数字化、自动化、网络化来实现；企业的工人只在办公室里上班，负责监管。

2012年9月6日，英国《金融时报》刊登了题为"新工业革命带来的机遇"的专栏文章。其主要内容是，由于3D打印技术的出现，一场新工业革命可能正在到来。由此，提出了"堆积法制造"是一场新的工业革命的构想，即"网络技术管理+3D打印设备+新材料"的制造模式。

中国《求是》杂志2013年第6期组织了一批专家进行专题讨论，发表了中国人民大学教授贾根良、中国社会科学院工业经济研究所所长吕铁、中国电子信息研究院院长罗文的文章，专题讨论的主题是"新一轮工业革命正在叩门，中国准备好了吗？"

（2）政界：各发达国家陆续开展了新的工业革命部署

美国总统奥巴马提出并进行了"再工业化"的部署，在2011年6月美国正式启动了"先进制造伙伴"，同年12月宣布成立制造业政策办公室，2012年2月制定了《美国先进制造业国家战略计划》。

欧盟于2010年制定《欧盟2020战略》，把《欧洲数字化议程》作为七大行动计划之一，加快实施《竞争和创新框架计划》，在柏林、巴黎、赫尔辛基等地组建6个知识和创新联合实验室，重点支持信息技术创新应用。

英国出台了《低碳工业战略》，旨在重建核电优势，削减对石油的依赖，从而向低碳经济转型。英国将发展低碳经济作为国家战略，明确了发展低碳经济路线图，并动员政府、企业和公众等所有力量，采用行政、经济、技术、宣传等多种综合手段，大力推动低碳经济发展。

芬兰出台《21条和谐芬兰之路》、《TCT2023年计划》，以推进网络化协同创新为重点，率先在欧盟实现研发（R&D）支出占国内生产总值（GDP）3.5%的目标。芬兰的装备、化工、服装、钢铁企业在智能化、绿色化、服务化转型中实现了稳健增长，德国在2013年4月汉诺威工业博览会上正式推出"工业4.0战略"。该报告认为，人类的第一次工业革命始于18世纪，以蒸汽机为动力的纺织机械彻底改变了纺织品的生产方式；第二次工业革命始于19世纪末20世纪初，采用电能驱动实现了大规模生产；第三次工业革命始于20世纪70年代初，电子信息技术使制造过程实现了自动化；目前正发生的是将物联网和服务网应用到制造业的第四次工业革命。

"工业4.0战略"的主要特征是把企业的机器、存储系统和生产设施融入虚拟网络与实体物理系统（CPS），从根本上改善包括制造、工程、材料使用、供应链和生命周期管理的工业过程。说到底，就是由工业物联网进行工业的精准制造。

总而言之，无论是学界还是政界，虽然对第三次或第四次工业革命有不同侧重的表述，但其共同点都认为这次工业革命是数字化、网络化制造方式的革命；无论是英国提出的第四次工业革命，德国推出的"工业4.0战略"，还是美国提出的"制造业革命"，围绕的主题都是工业制造业，所采取的主要手段都是将新一代网络技术应用于制造过程，并融入制造的产品与装备之中，使其制造的产品、装备能由网络控制，从而能更加节能与健康安全。

6.2.3 物联网精准制造方式的革命

大数据、云计算、物联网、互联网新技术的突破，催生了精准制造方式革命，这就是网络精准制造方式的工业革命。其本质就是制造过程由工业云与网络、智能装备管控，工业物联网成为主要制造方式。由于企业的具体情况不同，各行业的发展要求也不同，因此不同类型不同水平的网络精准制造方式应运而生。

(1) 网络制造方式的构成

① 工业设计、创新设计是网络制造方式的龙头。工业设计从外观设计不断向产品、装备的功能设计、结构设计、技术的利用设计延伸，把"产品与装备的硬件＋技术与软件"设计成为一体，把产品的设计与制造方式的设计合二为一；创新设计更是把整机的制造设计与各类组件、部件的加工图设计集为一身，且把这种设计的图纸数字化，把发送传输方式网络化，因而一下子成为工业制造过程的重要部分、网络协同制造的依据与龙头。

同时，由于网络技术的发展，在网络设计软件的支持下，各种产品的设计相对简化，客户参与设计成为可能；制造过程的网络化，组成产品的各种组件、部件设计实现了模块化、数字化。数字化的每个组件、部件加工图的发送就像手机发短信那么简单。因此，以设计为龙头的网络协同制造模式应运而生。

最典型的案例如"小米"，这家企业没有自己的工厂，只有1500人搞研发设计，还有2500人开展网络营销，但"小米"公司却形成了由网络设计手机，网络组织小米手机、小米电子产品的制造，并由网络进行销售的模式。工业设计与自动化制造相结合的模式，10年前就开始在浙江绍兴（现为柯桥区）出现。有一家企业化运作的纺织面料设计中心，正式的名称叫纺织（设计）创新服务中心，它为众多中小纺织制造企业提供各种产品设计，设计完方案后，让客户直接看样订货，设计结果通过软盘直接插入数字化加工制造装备或自动化生产线，形成了"快速设计＋快速生产"的制造模式，很有活力。

需要注意的是，工业设计、创新设计是网络制造的组成部分。因此，这与创意产业是不能等同的。

② 具有网络接入功能的智能化制造装备。原中国工程院院长路甬祥院士对智能化制造有非常精彩的描述：智能设计/制造信息化系统是一种由智能机器和人类专家共同组成的人机一体化智能系统，它在制造过程中能进行智能活动，诸如感知、分析、推理、判断、控制、构思和决策等。通过人与智能机器的合作共事，去扩大、延伸和部分地取代人类专家在制造过程中的脑力劳动，提高制造水平与生产效率。它把制造自动化的概念更新，扩展到柔性化、智能化和高度集成化。

新一代的网络制造装备，不仅自身具有智能制造的能力，同时又具有无线网的接入功能，形成了貌似独立、实则为网络制造方式组成单元的特点。它可以是"一台机床＋一个机器人"组成的一个网络化的制造单元，也可以是"一组机床＋一组机器人"组成的一个网络化的制造单元，灵活性大，为分布式的网络协同制造添加了新的适应能力。这种制造方式的价值在于社会化的分工协作，可以为加盟某一紧密型产业联盟的个体工商户、小微企业提供参与制造的机会，特别适宜于环境、安全问题极少的行业，也特别适宜于小微企业多的地区。

③ 自动化的生产线。通过泛在网协调的每一条自动化生产线，都是网络精准制造方式

的组成部分、一个具体的制造单元,"自动化生产线+机器人",也是这样的一个网络制造单元。

④ 物联网工厂——未来的智能工厂。物联网工厂往往用于造纸、印染、化工、钢铁、医药等容易污染的制造行业。如图6.1所示,通过物联网的控制技术、数字化的实时计量检测技术、智能化全封闭流程装备的自控技术的集成,能够对每个阀门、每一台机器、每一个生产环节进行精准控制,防止泄漏,防范事故。在云计算支持的物联网生产、经营的系统管控下,实现信息化的计量供料、自动化的生产控制、智能化的过程计量检测、网络化的环保与安全控制、数字化的产品质量检测保障、物流化的包装配送,确保了全过程、每个环节的精准生产与管控。这个网络制造系统,即使个别环节有泄漏,也可以及时发现,上道环节会通过内置的芯片进行自动调控,包括中断供应与停止生产,控制泄漏量的继续增加,避免环境污染与安全生产事故的发生,实现"微泄漏"与"零事故"。

所谓智能工厂,其技术核心则是物联网。作为未来科技发展的大趋势,物联网目前受到越来越多科技公司的关注。作为全球领先的工业制造强国,德国目前紧跟数字革命潮流,借力最新科学技术占据未来工业制造的发展先机。位于德国巴伐利亚州东部城市安贝格(Amberg)的西门子工厂就是德国政府、企业、大学以及研究机构合力研发全自动、基于物联网智能工厂的早期案例。

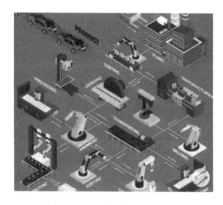

图6.1 未来的智能工厂

图6.2 "工业4.0"示意图

从本质上讲,工业4.0是由机器、人以及产品组成的实际网络,能够实现整个制造流程的实时优化(图6.2)。智能制造将为从工厂车间到制造、供应商和分销商的整个价值链带来更高的生产效率。现在,德国的工业制造也将未来寄托在物联网技术上。虽然这类智能工厂现在还处于试点阶段,但德国人工智能研究中心已经与不少德国企业进行合作,并在该领域取得了不少最为先进的成果。

(2) 网络制造方式的分类与具体形式

网络化制造方式,是实现精准制造要求的一种革命性的方式。具体有两种基本的类型:一是在同一个厂区里,通过机联网或厂联网,由云计算平台统一管控每台机器、每条生产线,进行精准制造,这是物联网工厂的模式;二是在不同地区的企业或同一地区的不同企业之间进行的,这是网络的协同制造。欧洲空客公司的大飞机就采取了这种世界性、分布性的网络协同制造模式,许多跨国大公司也采用了这种网络协同制造方式。但是对于大多数非跨国公司而言,对于像中国这样的发展中国家而言,网络协同制造的模式大多采用了以局域网为主的物联网协同制造模式,物联网的协同制造模式有更广泛的适应性。网络统一管控制造与网络组织的协同制造可适用于不同的制造组织架构。

由网络组织协同制造,可以通过泛在网接入一台至几台机器形成制造单元(小企业),

也可以接入一条至几条自动化生产线形成制造单元（企业），还可以接入若干个物联网工厂。它适应性强、效率高、成本低，是一种先进的制造方式。了解这些，有利于我们消除对网络制造方式神秘感与高不可攀的误解。

（3）网络制造方式的特点与作用

网络精准制造方式发展了新型工业，颠覆了工业就是消耗资源、浪费能源、污染根源、危险之源的结论，为否定之否定规律再次提供了良好的注解。网络精准制造方式的特点与作用见表6-1。

表6-1 网络精准制造方式的特点与作用

序号	特点	作用（意义）
1	精准利用资源与能源的制造	实现了资源能源的最充分利用
2	绿色与安全的制造	保障了环境友好、社会和谐
3	个性化、协同型的制造	客户可以参与设计，与厂商协同合作，减少了客户对厂商的投诉
4	硬件与软件融合为一体的产品制造	促进了高技术、高增值产业的发展
5	制造、工程、运维融为一体的服务型制造	产生了货物贸易+服务贸易+技术贸易为一体的新型商务模式

网络精确制造的实质是发展新型制造工业。网络精确制造方式的革命，包括美国的再工业化、德国的"工业4.0战略"，其实与我们中国的新型工业化是一致的，就是信息化与工业化深度融合的新型工业化。新型工业化包括两个基本方面：一是产品与装备的信息化，或者说产品与装备的智能化、网络化与绿色化；二是制造方式的信息化、网络化。只不过要注意对信息化进行不同阶段的区分，不能停留在初级阶段的理解上，现在，信息化已进入网络化、智能化与云智慧技术的应用阶段。网络化的制造方式，必须有网络制造装备为前提，这二者之间是互促发展的。

因此，利用物联网的机遇，就是要坚定不移地走新型工业化道路，充分利用新一代网络技术的红利，大力发展"新型制造工业"，用"新型工业的制造方式"逐步替代"现有工业的制造方式"。关键要真正下决心、花力气走好新型工业化道路，务实推进"新型工业"的发展，不要等，不能拖，更不能因为知识能力的不足、缺乏担当而错失这个宝贵的机遇！

6.2.4 物联网与"工业4.0"

简单地说，"工业4.0"是以智能制造为主导的第四次工业革命。这是以信息技术与工业技术的高度融合，网络、计算机技术、信息技术、软件与自动化技术的深度融合为背景的。德国人称其为"工业4.0"。该战略旨在通过充分利用信息通信技术和网络空间信息物理系统相结合的手段，推动制造业向智能化转型。

工业4.0所涉及的数据处理（传感器、大数据处理、云服务）、智能互联（智能机床、物联网、工业机器人）、系统集成（工业自动化、工业互联网）等，毋庸置疑成为投资与竞争的热点。据工信部估算，中国未来20年工业互联网的发展至少可带来3万亿美元左右的GDP增量。

工业4.0包含了由集中控制向分散式增强型控制的工业基础模式的转变，目标是建立一个高度灵活的个性化和数字化的产品与服务的生产模式。在此模式下，传统行业界限将消失，并会产生各种跨界领域和合作形式。

工业4.0概念主要分为三大主题。一是"智能工厂"，重点研究智能化生产系统及过程，以及网络化分布式生产设施的实现。二是"智能生产"，主要涉及整个企业的生产物流管理、人机互动以及3D技术在工业生产过程中的应用等。该计划将特别注重吸引中小企业参与，力图使中小企业成为新一代智能化生产技术的使用者和受益者,同时也成为先进工业生产技术的创造者和供应者。三是"智能物流",主要通过互联网、物联网整合物流资源,充分发挥现有物流资源供应方的效率,而需求方则能够快速获得服务匹配,得到物流支持。

德国制造业是世界上最具竞争力的制造业之一,在全球制造装备领域拥有领头羊的地位。这在很大程度上源于德国专注于创新工业科技产品的科研和开发,以及对复杂工业过程的管理。德国拥有强大的设备和车间制造工业,在世界信息技术领域拥有很高水平,在嵌入式系统和自动化工程方面也有专业化技术,这些要素共同奠定了德国的制造工程工业的领军地位。工业 4.0 战略的实施,将使德国成为新一代工业生产技术("信息—物理"系统)的供应国和主导市场,将使德国在继续保持国内制造业发展的前提下,再次提升它的全球竞争力。

对于即将到来的工业 4.0,一项更为伟大的工具——互联网将深度参与到生产过程中去。不仅如此,在工业 4.0 时代,未来制造业的商业模式就是以解决顾客问题为宗旨的互联网化。所以说,未来制造企业将不仅仅进行硬件的销售,还能通过提供售后服务和其他后续服务来获取更多的附加价值,这就是软性制造。而带有"信息"功能的系统成为硬件产品新的核心,个性化需求、大规模定制将成为潮流。

6.3 物联网与"中国制造 2025"

(1) 什么是"中国制造 2025"

2015 年 3 月 25 日,国务院常务会议上讨论了"中国制造 2025 规划"方案,提出了中国制造理念建设的"三步走"战略,这是第一个十年的行动纲领,即力争到 2025 年从制造大国迈入制造强国行列。届时,将通过实施一批重大工程,主要包括国家制造业创新中心建设、智能转型、基础建设工程、绿色制造、高端装备创新五大类,来解决中国制造业的高端技术、核心技术薄弱等问题。如图 6.3 所示。

图 6.3 "中国制造 2025"示意图

智能手机、智能电视、智能汽车、智能机器人、智能车间、智能工厂、智能家居,所有这些无不表明一个智能新时代的到来。而在智能新时代,智能制造是核心。当前,以制造业数字化、网络化、智能化为标志的智能制造,是两化深度融合的切入点和主攻方向,这其实已经成了业界共识。智能制造不仅可以改造提升生产制造水平、提高生产质量和效率、优化组织结构和业务流程、提高管理效率,实现产品全生命周期管理、延伸产业链条、发展新型业态,还可以带动自主可控的重大智能装备、新一代信息技术产业发展,有利于产业结构向中高端迈进，打造制造业竞争新优势，实现跨越式发展。

(2) 重点行业融合创新工程

目前，物联网的创新不仅在消费市场层出不穷，而且在交通、能源、制造等行业也开始了创新的应用——道路上车辆被连接、油田里钻井被连接、工厂里机器人被连接……。

物联网带动信息消费，万物互联擎起信息消费。随着信息技术加速深度融合和集成优化，电子信息产业发展模式正在发生重大变革，新的产业生态体系正在孕育形成。从"智能工厂"到"智能生产"，从数字娱乐到"智慧家庭"，从数字医疗到数字教育，从智能手机到智能家居，从智慧交通到"智慧城市"，我们已经全面步入智能新时代，各种数字化技术的创新和应用，也已深刻改变着我们这个时代的产业和生活。中国的信息消费已经形成了新的增长点，以线上线下互动为特征的新型消费也已成为拉动经济增长的新动力。

可以说，物联网正在改变传统的生产与工作方式，把传统的物和互联网所代表的数字世界融为一体。

目前，全球范围之内，各国政府已经把物联网的变革作为一项国家战略——特别是德国的"工业4.0"、中国的"中国制造2025"以及美国的"工业互联网"等。

通过传感系统，物联网让数字世界的联接延伸到工业网络和各种物理世界中的物体，通过数据采集、大数据分析、综合决策，可以让工业制造的效率成倍提升。物联网能否提升整个行业乃至整个国家的竞争力，核心是其能否形成一个健康的产业。这就需要一套开放的物联网通信标准、成熟的物联网基础设施、围绕物联网的完备生态圈以及通用的物联网行业应用开发平台，此外，还包括最为重要的：需要那些愿意尝试物联网、为行业做出典范示例的实践者和开拓者积极参与。

物联网能否实现真正的跨越，关键在于上述先行者与实践者们能否通过跨越创造出新的价值和产业。过去几年之中，在诸如城市管理、智能电表、健身设备监控、热水器检测以及楼宇能耗管理等各个生活与工作实用领域，已经有越来越多这样的实践者出现。随着应用实践的逐步深入，一个相对成熟的物联网架构也在逐渐形成，共分为以下4层：

① 传感器层　通过传感器和网络联接层来接入和控制各种传感器和终端；

② 网络联接层　通过网关建立安全和可靠的连接，并且基于敏捷的网络快速传输数据；

③ 云平台层　通过云平台层对终端和设备进行统一管理、数据收集与存储；

④ 应用层　通过数据与流程的深度融合，在应用层为各个行业提供丰富的业务功能和服务体验。

有相关权威机构预测，到2025年，物联网设备的数量将接近1000亿个，每小时将有200万个传感器得到部署——且55%的物联网应用将集中在如智能制造、智能电商、智慧城市、智能公共服务等的商业领域。因此，提供一个标准、开放的物联网架构，并在多个行业构建物联网解决方案，就成为当前的关键问题。

(3) 智能化、智慧化之势——"智慧地球"概念

2008年11月，IBM公司提出"智慧地球"概念（图6.4）；2009年1月，美国奥巴马总统公开肯定了IBM"智慧地球"设想；2009年8月，IBM发布了《智慧地球赢在中国》计划书，正式开启IBM"智慧地球"中国战略的序幕。

近两年，IBM"智慧地球"战略已经得到了各国的普遍认可。数字化、网络化和智能化，被公认为是未来社会发展的大趋势，而与"智慧地球"密切相关的物联网、云计算等，更成为科技发达国家制定本国发展战略的重点。2009年以来，美国、欧盟、日本和韩国等纷纷推出本国的物联网、云计算相关发展战略。

《智慧地球赢在中国》计划书中，IBM为中国量身打造了6大智慧解决方案："智慧电力"、"智慧医疗"、"智慧城市"、"智慧交通"、"智慧供应链"和"智慧银行"。随着中国发

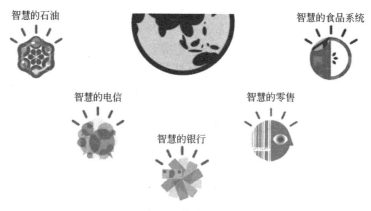

图 6.4 智慧地球

展物联网、云计算热潮的不断升温,IBM 在"智慧的计算"、"智慧的数据中心"等方面也投入了更多研发力量,并积极与国内相关机构寻求合作。2009 年以来,IBM 的这些智慧解决方案已陆续在中国各个层面得以推进。仅"智慧城市"一项,中国就有数百个城市正在或即将与 IBM 开展合作。

2008 年 11 月,时任 IBM 首席执行官彭明盛发表了"智慧地球:下一代领导人议程"的演讲。关键之处在于,"智慧地球"要将物理基础设施和 IT 基础设施统一成智慧基础设施。如彭明盛所言,传统上物理基础设施和 IT 基础设施是分离的。一方面是机场、公路、建筑物、发电厂、油井;另一方面是数据中心、个人电脑、移动电话、路由器、宽带等。现在,两者合二为一的时候到了。"智慧地球"是将实体的基础设施与信息基础设施合二为一,IBM 又要把商业触角延伸至公共设施领域。金融和电信行业的信息化已经非常成熟,IBM 牢牢占据了这两个行业的市场主动权。水利、交通、电力等行业的信息化与金融和电信相比,还处于拓荒阶段,但市场规模却丝毫不逊。

IBM 已经推出了很多相关方案,也在进行各种不同的试验和试点。多年来,IBM 希望通过"智慧地球"理念去主动影响政府的投资决策。近年来,彭明盛频繁出访华盛顿和各国首都,推销"智慧地球"理念。彭明盛 2009 年就向美国奥巴马政府提出建议:智慧基础架构是目前创造新就业岗位、刺激经济增长的最佳途径。在未来几年内,如果每年在宽带网络、"智慧医疗"和"智慧电力"方面投入 300 亿美元,那么每年可以产生 100 万就业机会。

相对地,中国在"智慧地球"领域要面对不少问题。

① 技术路径选择。从技术层面看,中国在发展与智慧地球相关的传感器、云计算等物联网技术方面面临两种选择:一是完全采用 IBM 公司的"智慧地球"技术和产品,这将导致中国相关技术自主研发能力的丧失;二是依靠自己的力量,发展自己的智慧系统(或称"智慧中国"),从而掌握"智慧中国"构建的主动权。在高端传感器方面,中国生产能力严重缺乏,现有的传感器灵敏度较低,直接影响传感器的作用距离;在与云计算密切相关的云计算基础架构等方面,关注程度也很不足,核心电子器件、高端通用芯片和大型系统软件等,仍过多依靠购买国外的成品;在核心晶片制造工艺和技术方面也很不成熟;中间件、开发环境和应用软件开发等也普遍薄弱。

② 重复建设和市场风险问题。目前,已有上百个地区提出建设智慧城市,30 多个省市将物联网作为产业发展重点,80% 以上城市将物联网列为主导产业,已经出现了明显过热的发展苗头。此外,我们发展物联网、云计算等智慧系统,也面临着中国市场被跨国企业垄断的风险。

③ 海量数据管理与信息安全问题。IBM"智慧地球"战略在我国的实施,必将引发深

层次的国家信息安全风险。"智慧地球"所倡导的"更全面的互联互通",目标是要实现国家层面乃至全球基础设施甚至自然资源的互联互通。而这种互联互通,则极有可能为某些跨国大公司借助技术手段,掌控全球范围的各种资源提供便利。

(4) 物联网助力创造"中国智造"的新格局

"中国制造 2025"将以加快新一代信息技术与制造业融合为主线,以推进智能制造为主攻方向。工信部不久将启动智能制造试点示范专项行动,以促进工业转型升级,加快制造强国建设进程。

"中国制造 2025"借"互联网+"之力,一定会创造"中国智造"的新格局。我们需坚定这样一个信心:物联网在中国充分发展发育,会给其他领域带来很强的溢出效应,这是"互联网+"工业最大的基础;我们有智慧、有市场、有相对完备的结构,来应对新一轮科技革命和产业变革。这需要我们选好重点领域,以点带面,层层推进,加快转型升级、提升增效,提高大规模个性化定制能力和整体智能、绿色水准。

参 考 文 献

[1] 刘华君,刘传清. 物联网技术 [M]. 北京:电子工业出版社,2010.
[2] 燕庆明. 物联网技术概论 [M]. 西安:电子科技大学出版社,2012.
[3] 马建. 物联网技术概论 [M]. 北京:机械工业出版社,2011.
[4] 沈玉龙. 无线传感器网络安全技术概论 [M]. 北京:人民邮电出版社.2010.
[5] 卢建军. 物联网概论 [M]. 北京:中国铁道出版社,2012.
[6] 许力. 无线传感器网络安全和优化 [M]. 北京:电子工业出版社.2010.
[7] 郑军. 无线传感器网络技术 [M]. 北京:机械工业出版社,2012.
[8] 张楠. 无线传感器网络安全技术研究 [M]. 成都:西南交通大学出版社,2010.
[9] 周贤伟. 无线传感器网络与安全 [M]. 北京.国防工业出版社,2007.
[10] 刘静. 物联网技术概论 [M]. 北京:化学工业出版社,2014.
[11] 马化腾. 互联网+国家战略行动路线图 [M]. 北京:中信出版社,2015.